Sitzungsberichte
der Akademie der Wissenschaften
der DDR
Mathematik – Naturwissenschaften – Technik

21N

1977

Karlheinz Lohs / Emanuel Heinisch

Chemisch-toxikologische und ökotoxikologische Probleme der „Dioxine“

AKADEMIE-VERLAG · BERLIN

Sitzungsberichte
der Akademie der Wissenschaften
der DDR
Mathematik — Naturwissenschaften — Technik

Jahrgang 1977 · Nr. 21/N

Karlheinz Lohs/Emanuel Heinisch

Chemisch-toxikologische und ökotoxikologische Probleme der „Dioxine“

AKADEMIE-VERLAG · BERLIN
1977

Vorträge gehalten vor der Klasse
Umweltschutz und Umweltgestaltung
der Akademie der Wissenschaften der DDR
am 28. April 1977

Herausgegeben im Auftrage
des Präsidenten der Akademie
der Wissenschaften der DDR
von Vizepräsident Prof. Dr. Heinrich Scheel

Erschienen im Akademie-Verlag, 108 Berlin, Leipziger Str. 3–4

Lizenznummer: 202 · 100/384/77
Gesamtherstellung: VEB Druckhaus Köthen
Bestellnummer: 762 592 1 (2010/77/21/N) · LSV 1205
Printed in GDR
DDR 7,– M

Inhalt

Karlheinz Lohs

Zur Chemie und Toxikologie der „Dioxine"
Einige Betrachtungen im Zusammenhang mit der Seveso-Katastrophe

1. Vorbemerkungen

Einleitend einige persönliche Bemerkungen, die den eigenen Bezug zu der darzustellenden Thematik verdeutlichen sollen.

1960 wurde ich auf Arbeiten des damals in Hamburg, später in Marburg und jetzt in Stuttgart tätigen Neurologen Professor U. Spiegelberg aufmerksam; er befaßte sich bereits in den fünfziger Jahren mit den noch wenig beachteten psychopathologisch-neurologischen Erscheinungsbildern bei exogenen Vergiftungen. So erfuhr ich 1961 auch von den unter Beteiligung von Spiegelberg ausgeführten Untersuchungen, die K. H. Schulz zum Problem der Ätiologie und Klinik der Chlorakne veröffentlichte [1]. Diese Autoren erkannten damals schon sehr klar, daß das von ihnen beschriebene Krankheitsbild dem Tetrachlordibenzodioxin anzulasten ist. In diesem Zusammenhang schrieben sie: „Die experimentellen und klinischen Befunde sind ein eindrucksvolles Beispiel dafür, daß in der Arbeitspathologie Stoffe von Bedeutung sein können, die bei großtechnisch-chemischen Prozessen nur in geringen Mengen als Nebenprodukte anfallen. Bei Versuchen zur ursächlichen Klärung von gehäuft aufgetretenen beruflichen Intoxikationen sollte dieser Blickpunkt nicht außer acht gelassen werden." [1]

Nach dem Erscheinen einer vielbeachteten Monographie von Spiegelberg über psychopathologisch-neurologische Schäden nach der Einwirkung synthetischer Gifte [2] ergab es sich seinerzeit zwangsläufig, daß anläßlich einer persönlichen Begegnung 1964 in Marburg das Chlorphenolproblem und die damit verknüpften Dioxinfragen erörtert wurden.

Diese Diskussion fand ihre Fortsetzung anläßlich eines Besuches in der BASF, wo mir H. Oettel erstmals Einzelheiten der Betriebsexplosion von 1953 in der Chlorphenol-Anlage erzählte; Goldmann hat anläßlich des „medichem" Kongresses ausführlich über diesen Betriebszwischenfall berichtet [3].

Es war daher naheliegend, daß sich mir angesichts der während des Vietnamkrieges bekanntgewordenen furchtbaren Auswirkungen des Einsatzes von Phytokampfstoffen durch die US-Armee die Frage aufdrängte, ob es sich hier möglicherweise um Dioxin als einen neuen Kampfstoff der imperialistischen Armeen handelt [4]. Bereits 1964 war ich in den Besitz einer kleinen Broschüre gelangt, die 1963 in einer illegalen südvietnamesischen Druckerei hergestellt worden war und die über die durch 2,4,5-Trichlorphenoxyessigsäure-Herbizide ausgelöste Schäden berichtet, welche hinsichtlich der Art und des Ausmaßes der Wirkungen des 2, 4, 5-T den Verdacht begründeten, daß neben der Hauptkomponente noch weitere toxische Anteile mit „im Spiel" sein müssen [5].

Meine diesbezügliche Publikation in unserer militär-medizinischen Zeitschrift der NVA fand außerhalb des Armeebereiches kaum Beachtung und noch 1973 kannten nur wenige Toxikologen (gar nicht zu reden von den Chemikern und Medizinern) das Dioxin. Als „exotisches Molekül" und als ein „Nebenprodukt" wurde es nicht sonderlich ernst genommen.

Inzwischen häuften sich — besonders in den USA — die Publikationen über Dioxine. In einer SIPRI-Monographie über Spätschäden durch chemische Kampfstoffe, die ich anläßlich eines längeren Aufenthaltes 1974 in Stockholm schrieb [6], konnten bereits weitere Fakten über die Gefährlichkeit des Dioxin angeführt werden. J. Matousek von der militärmedizinischen Akademie in Hradec Kralove und wir stellten erstmals auch den toxikologischen Vergleich des Dioxins mit den hochtoxischen Kampfstoffen aus der Gruppe der Phosphonsäureester an [7].

Vor dem Plenum unserer Akademie (am 20. 3. 1975 im Rahmen der Darlegungen über den Mißbrauch der chemischen Forschung) und hier in unserer Klasse (am 22. 4. 1976 in Verbindung mit dem Themenkomplex des Umweltkrieges) wurde von mir zur Frage des Dioxin ebenfalls Stellung genommen [8].

Trotz der wissenschaftlichen Befunde in aller Welt blieb das Dioxin weiterhin außerhalb des *öffentlichen* Interesse.

Als Mitglied der DDR-Regierungsdelegation hatte ich am 8. April 1976 die Aufgabe in einer Sitzung des Abrüstungsausschusses der Vereinigten Nationen in Genf in einem Statement einige Darlegungen zur Frage des von der UdSSR vorgelegten Konventionsentwurfes eines Verbotes der Entwicklung, Herstellung und Anwendung neuer Arten von Massenvernichtungswaffen zu machen [9]. In meinen Ausführungen erwähnte ich auch das Dioxin als ein mögliches chemisches Kampfmittel, dessen Einsatz zur Unbewohnbarkeit von Siedlungsgebieten führen würde. In einem solchen Sinne ist von uns die Dioxin-Anwendung als eine der neuen Gefahren gewertet worden, auf die die UdSSR mit ihrem Konventionsentwurf hinweisen wollte. Diese Ausführungen fanden zwar interessierte Aufnahme, aber die „Pausendiskussionen" zeigten, daß man sich im Kreis der Diplomaten nicht so recht vorstellen konnte, welche realen Gefahren in einigen Tonnen Dioxin für ein ganzes Land tatsächlich enthalten sind.

Sicher habe nicht nur ich es als eine bittere Ironie des Schicksals aufgefaßt, daß bereits wenige Wochen später, nämlich am 10. 7. 1976 die Seveso-Ereignisse weltweite Beachtung erzwangen, weil dort das Dioxin in einer Menge zwischen 2 und 5 Kilogramm einen Landstrich und seine Bewohner schwer in Mitleidenschaft zog.

Im Herbst vergangenen Jahres wurde von mir der gesamte Problemkreis des

Dioxin als potentieller, gegen die Umwelt gerichteter Kampfstoff in einem Kapitel für das SIPRI-Jahrbuch 1977 dargestellt [10].

Nach diesen einleitenden Bemerkungen soll nun kurz auf die Geschichte des Dioxin-Problems eingegangen werden.

2. *Zur Geschichte des Dioxin-Problems*

1899 beschrieb Herxheimer eine bis dahin nicht beobachtete Hauterkrankung, die durch das Auftreten von Hautpusteln und Talgretentions-Zysten sowie Furunkeln gekennzeichnet ist [11]. Da man einen Zusammenhang mit der Einwirkung von Chlor auf die Haut der erkrankten Arbeiter vermutete, wurde für das Krankheitsbild der bis heute gebräuchliche Name „Chlorakne" geprägt.

Während es in der *ersten Hälfte dieses Jahrhunderts* zwar mehrfach zu arbeitsmedizinischen bedeutsamen Chlorakne-Erkrankungen (inzwischen auch gelegentlich als „Pernakrankheit" bezeichnet) beim Umgang mit polychlorierten Phenolen, Naphthalen und Naphthalinen gekommen war, ereigneten sich *in den letzten 25 Jahren* einige Zwischenfälle größeren Ausmaßes, die immer deutlicher machten, daß es sich um ein toxisches Geschehen handelt, welches wesentlich ernster zu nehmen ist, als es zunächst den Anschein hatte.

Da diese Zwischenfälle hinlänglich bekannt und anderenorts (z. B. [12]) beschrieben worden sind, beschränken wir uns hier auf eine bloße Aufzählung:

- 1953 führte bei der Badischen Anilin- und Soda-Fabrik AG (BASF) in Ludwigshafen eine Explosion in einer Chlorphenolanlage zur schweren Schädigung von 42 Personen und — nach fünfzehn Jahre andauernden, jedoch vergeblichen Bemühungen zur Entgiftung — zum Abriß des betreffenden Gebäudes (1968). Das 2,3,7,8-Tetrachlordibenzo-p-dioxin (kurz als TCDD oder einfach „Dioxin" bezeichnet) konnte nach langwierigen Untersuchungen als Ursache der massiven Vergiftung ermittelt werden.
- 1956 führte ein Unfall bei der Firma Boehringer dazu, daß mehrere Arbeiter mit Chlorakne-Erkrankungen in der Hamburger Universitätsklinik behandelt und das Produktionsverfahren umgestellt werden mußten.
- 1957 brach im südöstlichen und im zentralen Teil der USA eine Geflügelkrankheit aus, die sich nach umfangreichen Untersuchungen als eine durch Hexachlordibenzo-p-dioxin ausgelöste Schädigung erwies.
- 1963 kam es in Amsterdam zu einer Explosion in einem pharmazeutischen Betrieb des Philips-Konzerns. 20 Arbeiter erkrankten an „Chlorakne" mit allen Hinweisen auf das Vorliegen einer Dioxin-Schädigung.
- 1964 kam es in den USA bei der Dow Chemical Company zu einem Unfall ähnlich dem bei der BASF, 60 Chemiearbeiter erkrankten.
- 1968 ereignete sich bei der britischen Firma Coalite and Chemical Products Company eine Explosion in der Trichlorphenolanlage. Auch hier traten bei

79 Arbeitern chlorakneartige Krankheitsbilder auf und das Vorliegen von Dioxin konnte nachgewiesen werden.

- 1971 führte in Missouri (USA) das Versprühen von Produktionsabfällen aus der Hexachlorophen-Produktion zu einem großen Tiersterben unter den dortigen Vögeln, Hunden, Katzen, Kaninchen und auch von 48 Pferden eines nahegelegenen Gestütes.
- 1973 meldete die österreichische „Chemie-Linz“, die noch nach dem alten Hochtemperaturverfahren Trichlorphenol produzierte, mehrere Chlorakne-Fälle und stellte daraufhin die Produktion auf das von der Firma Boehringer entwickelte Niedertemperaturverfahren um.
- Ende 1973 sowie im August 1974 traten bei der Firma BAYER im Zuge von Umbaumaßnahmen bei Schlossern und Chemiearbeitern Chlorakne-Erkrankungen in der Trichlorphenol-Anlage auf.,
- 1974 wies Sandermann in einer umfassenden Darstellung auf die Gefahren der Polychlorphenolverbindungen als Umweltgifte hin und er machte hierbei auch auf einen Zwischenfall aufmerksam, der sich in Schweden unter Eisenbahnarbeitern zugetragen hatte, als diese das mit Chlorphenoxyessigsäure-Herbiziden behandelte Unkraut anschließend auf dem Gleisbett der Bahn abbrannten.

Schon in den sechziger Jahren war im Zuge der Eskalation der US-amerikanischen Kriegführung in Vietnam immer deutlicher geworden, daß auch hier chlorierte Dioxine, vorzugsweise das 2,3,7,8-Tetrachlordibenzodioxin, eine verheerende Rolle spielten. Dieses Dioxin war sowohl als Nebenprodukt in den als chemische Kampfstoffe eingesetzten Herbiziden enthalten, als auch ein Reaktionsprodukt, welches sich beim Abbrennen der mit solchen Herbiziden behandelten Dschungelgebiete durch Napalm und analoge Brandwaffen bildete. Es liegt inzwischen eine umfassende Darstellung der gesamten „Umwelt-Kriegführung“ der USA in Vietnam als SIPRI-Monographie vor [13].

Als am Morgen des 10. 7. 1976 bei Schichtwechsel das Explosionsunglück in Seveso passierte, lag demzufolge ein durchaus beachtliches Erfahrungsgut über Art und Ausmaß der damit verbundenen Gefahren vor. Nicht so sehr die Tatsache, daß sich diese Explosion ereignete ist deshalb als die eigentliche Katastrophe von Seveso zu bezeichnen als vielmehr die zunächst völlig ungenügende, die Tatsachen negierende Handhabung der Schutz- und Sicherheitsvorkehrungen durch die verantwortlichen Institutionen der Industrie und Verwaltung. Es ist hierüber bereits viel gesagt und geschrieben worden, wir können uns daher eine nochmalige Auflistung der Vielzahl von Versäumnissen der Verantwortlichen ersparen. Leider waren und sind in den internationalen Presseberichterstattungen über die Ursachen, Hintergründe und Folgen des Seveso-Unglücks nur wenige sachdienliche Informationen enthalten, um so mehr werden in unverantwortlicher Weise Emotionen geweckt und eine die Tatsachen negierende Pauschalverurteilung „der Chemie“ betrieben.

Wie stellt sich nun aus chemischer Sicht die Bildung des 2,3,7,8-Tetrachlordibenzodioxin sowie analoger Dioxine dar? Hierzu die folgende knappe Übersicht, die keinen Anspruch auf Vollständigkeit erhebt, die aber dem heterogenen Interessentenkreis in unserer Umwelt-Klasse vielleicht doch dienlich ist.

3. *Die Dioxin-Bildung*

Zunächst waren es Arbeiten über Holzschutzmittel, auf die hier nicht näher eingegangen werden kann, die zur Beschäftigung mit chlorierten Aromaten und insbesondere mit dem Pentachlorphenol führten. Die Abb. 1 zeigt drei wichtige Darstellungswege zum Pentachlorphenol.

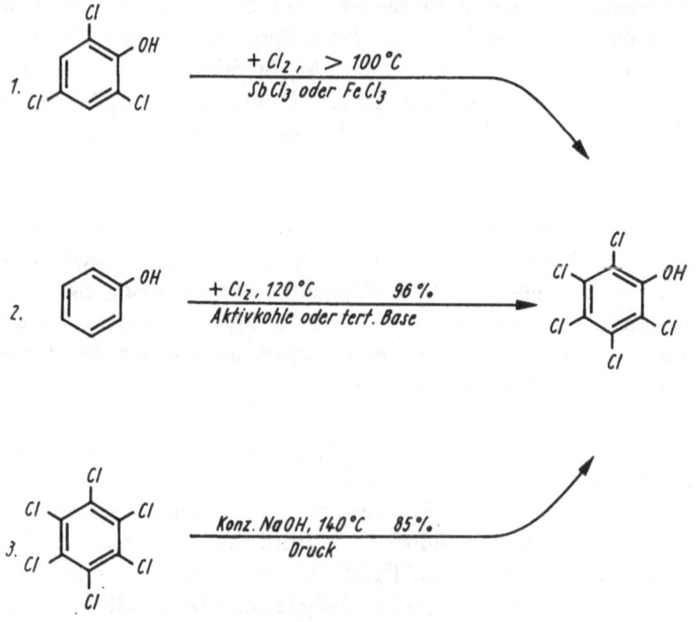

Abb. 1 Darstellungswege für das Pentachlorphenol

Die hautschädigende Wirkung des Pentachlorphenol ließ es bald unbeliebt werden, so daß man versuchte, diese Verbindung nur als ein Zwischenprodukt für die weitere Umsetzung zu einem p-Hydroxydiphenyloxid in Betracht zu ziehen. Trotzdem erreicht die Weltproduktion an Pentachlorphenol Anfang der siebziger Jahre einen Umfang von 20 000 Jahrestonnen. Beim Erhitzen des schwerflüchtigen hochchlorierten Pentachlorphenol auf 300 °C bildet sich außer viel Hexachlorbenzol (auch Perchlorbenzol genannt) auch Oktachlordibenzodioxin neben anderen polychlorierten Produkten.

Bei Chemikern und insbesondere bei Produktionsarbeitern aus der Herbizidproduktion auftretende, schwere Hauterkrankungen mit chlorakneartigen Erscheinungsbildern legen sehr bald den Verdacht nahe, daß eines oder mehrere unter den polychlorierten Produkten von ganz außerordentlicher Wirksamkeit die Ursache dieser Hauterkrankungen sein müssen. Das fragliche Produkt wurde als das 2,3,7,8-Tetrachlordibenzodioxin ermittelt und seine Bildung auch bei der Synthese der als Herbizid hochgeschätzten 2,4,5-Trichlorphenoxyessigsäure (2,4,5-T) sichergestellt.

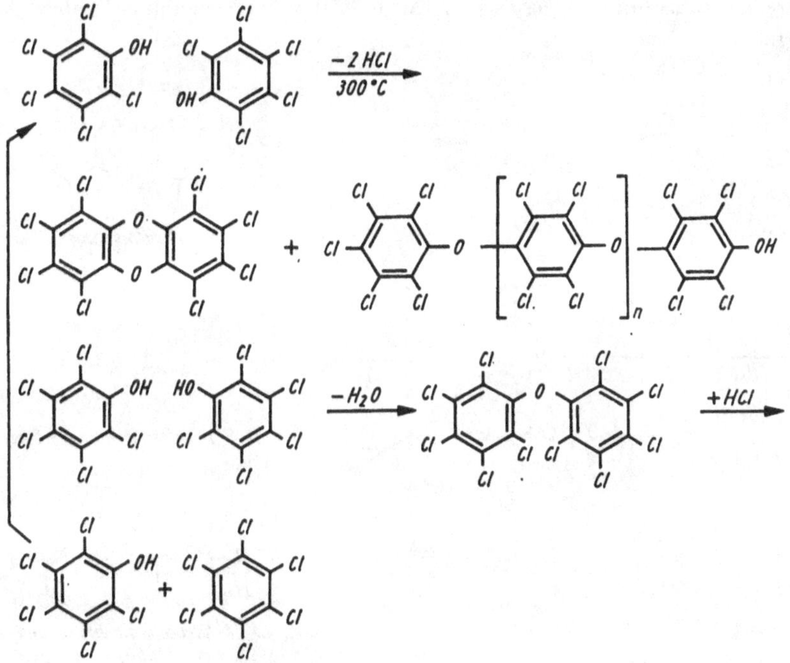

Abb. 2 Entstehungsmöglichkeiten für höherchlorierte Dioxine und Biphenyle

Die Synthese des 2,4,5-T geht vom 1,2,3,5-Tetrachlorbenzol aus, welches z. B. beim Icmesa-Verfahren in Seveso drucklos mit Kalium- oder Natronlauge in Äthylenglykol, in anderen Verfahrensvarianten auch in Methanol in einer Autoklaver-Reaktion bei etwa 170 °C zum 3,4,5-Trichlorphenolnatrium und danach mit Chloressigsäure zum 2,4,5-T umgesetzt wird.

Die Sicherheitsvorkehrungen bei der Trichlorphenol-Produktion sind erheblich. So ist z. B. die Temperaturführung im Reaktor meist doppelt gesichert; über einen Temperaturfühler wird der Reaktionsverlauf so gesteuert, daß eine Temperatur von 160 bzw. 180 °C eingehalten wird. Bei Überschreitung und Unterschreitung im Falle eines Reaktionsverzuges wird die Wärmequelle automatisch verschlossen, und ein Durchgehen der Reaktion praktisch verhindert. Passiert trotz der Sicherheitsmaßnahmen ein Durchgehen der Reaktion, so greift bei Überschreitung einer vorgegebenen Höchsttemperatur eine automatische Kühlung ein (auch die zusätzliche Möglichkeit, durch eine reaktionshemmende Substanz die Reaktion zu stoppen, ist gegeben). Für den Fall, daß auch diese Vorkehrungen versagen, ist das Sicherheitsventil, durch das notwendigerweise dann die TCDD enthaltenden Abgase ausströmen, über eine Abgassammelleitung auf eine Vorrichtung zur schadlosen Beseitigung (Wäsche, Fackel) geschaltet. Solche Vorrichtungen waren bei der Firma Icmesa (Seveso) nicht vorhanden. Der Prozeß lief dort ohne regulierende Einrichtungen (es war nicht einmal ein Temperaturschreiber installiert).

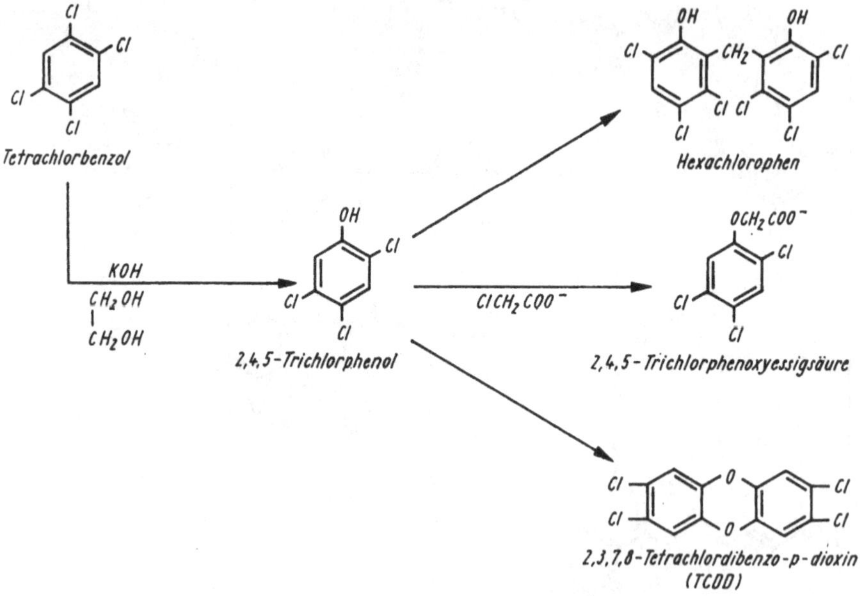

Abb. 3 Trichlorphenol als Zwischenprodukt

Die Firma Icmesa produzierte in Seveso das Trichlorphenol nach dem drucklosen Verfahren in Äthylenglykol in einer Jahresproduktion von 350 t. Durch Anwendung des Äthylenglykols sind auch ohne Druckanwendung höhere Temperaturen erreichbar. Darin liegt der ökonomische Vorteil aber auch die zusätzliche Gefahr. Äthylenglykol neigt bei Anwesenheit von Schwermetallspuren zur Polykondensation; dies ist mit erheblicher Wärmetönung verbunden. Noch wichtiger aber war neben diesen grundsätzlichen Unterschieden an diesem Verfahren die unterschiedliche Reaktionsführung in Seveso. Während beim Boehringer-Verfahren die beim Umsatz entstehende Reaktionswärme durch die Reaktionsführung jederzeit unter Kontrolle ist, wurde in Seveso die Natronlauge vorgelegt und das Tetrachlorbenzol auf einmal zugegeben. Bei dieser Prozeßführung ist eine Temperaturregelung nahezu ausgeschlossen. Ein Durchgehen der Reaktion hätte nur durch eine Kühlung des Reaktors erfolgen können. Offensichtlich entsprach jedoch die installierte Kühlfläche in keiner Weise der freiwerdenden Wärme.

Durch die Arbeiten von Buu-Hoi und seinen Mitarbeitern [14] sowie anderen Autoren [15] ist bekannt, daß auch die Pyrolyse des 2,4,5-T zum Tetrachlordibenzodioxin führt. (Da das 2,4,5-Trichlorphenol gelegentlich noch — in Verbindung mit Zusätzen für Körperpflegemittel — als Ausgangsprodukt der Hexachlorphen-Herstellung Verwendung findet, lag der inzwischen bestätigte Verdacht nahe, daß sich das tetrachlorierte Dioxin in speziellen Fällen als Verunreinigung auch in derartigen Produkten nachweisen läßt. Dies ist einer der Gründe dafür, dieses Hexachlorophen gegen andere, analog wirksame Produkte vor allem auf dem Kosmetiksektor auszutauschen.)

Inzwischen weiß man, daß — neben den Hexa- und Oktachlordibenzodioxinen — auch noch andere mit den Tri- und der Pentachlorphenolsynthesen verknüpfte Reaktionswege zum 2,3,7,8-Tetrachlordibenzodioxin führen. Beispielsweise geht auch vom Dichlorbrenzkatechin ein direkter Weg zum tetrachlorierten Dioxin.

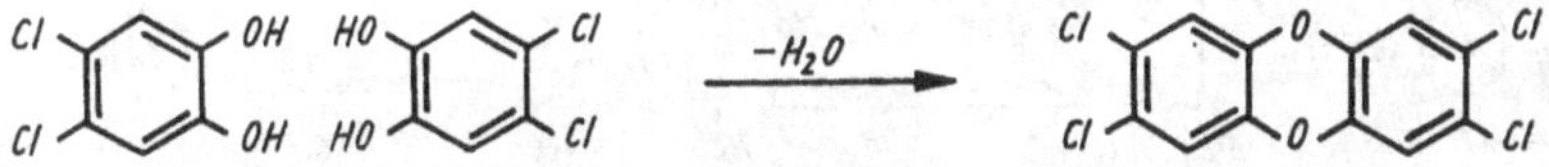

Abb. 4 Die Dichlorbrenzkatechin-Kondensation

Wir können hier nicht alle Reaktionswege und ihre Teilschritte nachzeichnen, die durch das Gewirr polychlorierter Phenole, Biphenyle und Dioxine führen. Auf eine umwelttoxisologisch interessante Bildungsmöglichkeit des Tetrachlordibenzodioxin hat vor wenigen Jahren Sandermann, einer der besten Kenner der Chemie chlorierter Phenole, aufmerksam gemacht. Es handelt sich dabei um die Ablaugen der Zellstoffbleiche als Dioxin-Quelle. Der Restgehalt von Lignin im Zellstoff muß durch mehrstufige Chlorierung und Alkalibehandlung entfernt werden, wobei unter Demethylierung und Chlorierung Dichlor- und Tetrachlorbrenzkatechine entstehen können, welche beim Erhitzen bzw. bei der Nachbehandlung unter Wasser- und Salzsäureabspaltung zum Tetrachlordibenzodioxin führen [16].

Hierbei sind zusätzlich noch die chlorierten Biphenyle zu beachten, weil toxikologisch nicht zu unterschätzen; sie gelangen bei nicht optimaler Prozeßführung solcher Aufbereitungsanlagen ins Flußwasser oder im Falle des Verbrennens eingedampfter Schwarzlauge auch in die Luft. Weltweit kommen derzeit über 2 Millionen Tonnen Chlor allein für die Zellstoff- und Textilbleiche zum Einsatz. Es ist hier demzufolge eine bedenkliche, bisher nicht genügend beachtete Quelle der Umweltvergiftung mit chlorierten Biphenylen und mit dem Tetrachlordibenzodioxin vorhanden.

Da wir nun schon seit Jahrzehnten mit den verschiedensten Chlorphenolen und anderen Chloraromaten leben und die ausgeprägte Persistenz zahlreicher dieser Verbindungen ihre Deponierung in der Biosphäre begünstigt, erhebt sich immer dringlicher die Frage, ob und in welchen Lebensbereichen bzw. in welchen Organismen oder Organsystemen die kritischen Grenzwerte erreicht oder bereits überschritten sind.

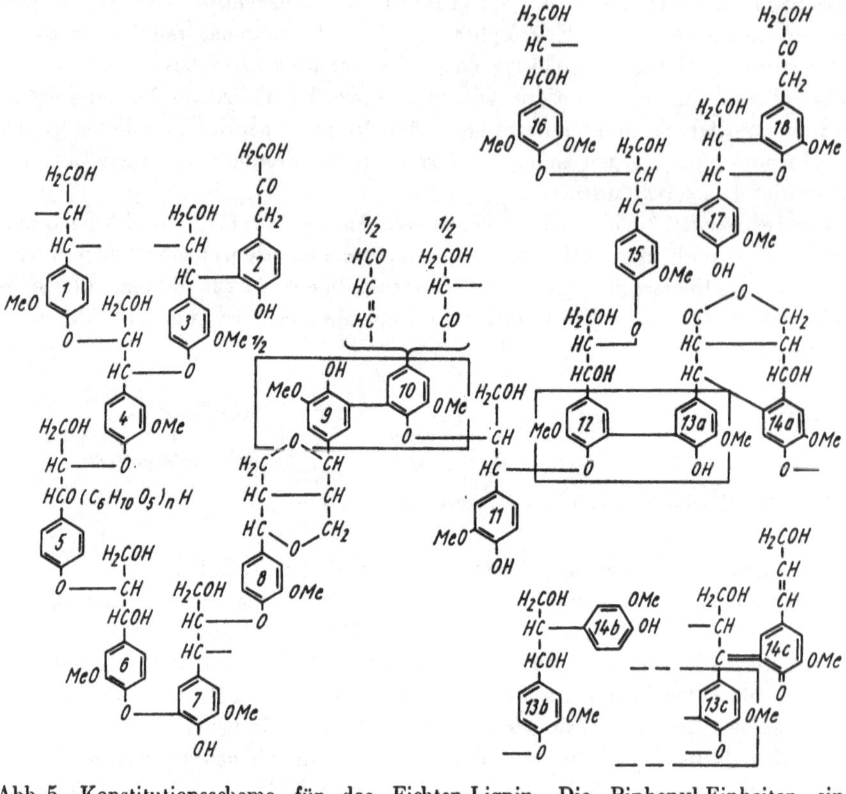

Abb. 5 Konstitutionsschema für das Fichten-Lignin. Die Biphenyl-Einheiten sind durch Einrahmung hervorgehoben (entnommen der Publikation von SANDERMANN [16]).

4. Zur Toxikologie der Dioxine

Chlorierte Dioxine, vor allem aber das 2,3,7,8-Tetrachlordioxin (TCDD) erzeugen beim Menschen — wie bereits eingans erwähnt — das typische Vergiftungsbild einer Chlorakne. Im Gesicht und am Rumpf sowie an den Extremitäten — also letztendlich am ganzen Körper — treten große Pusteln auf, die den sogenannten „Mitessern" sehr ähnlich sind. Es handelt sich um Talgdrüsen, deren Oberfläche verhornt und sich schwarz verfärbt. Haben sich diese Talgdrüsen entleert, bleiben kraterartige Vertiefungen der Haut zurück, die rein äußerlich den Pockennarben ähnlich sehen. Parallel — aber gegebenenfalls um Wochen und Monate verzögert — hierzu treten massive Schädigungen vor allem der Leber, der Nieren und der Bauchspeicheldrüse auf. Auch Schädigungen des oberen Respirationstraktes sowie Muskelschwäche und Myokardschäden sind beschrieben worden. Periphere Lähmungen und neurasthenische Erscheinungsbilder als Ausdruck der zusätzlichen Schädigung des Zentralnervensystems wurden gleichfalls bei den Patienten beobachtet [17]. Die genaue tödliche Dosis für den Menschen ist nicht bekannt, sie liegt aber, wie sich aus vorsichtigen Vergleichen zu tierexperimentell ermittelten Werten ableiten läßt, im Milligramm-Bereich und die bereits schwer schädigende Menge schon im Mikrogramm-Bereich.

Die bisher größte Empfindlichkeit gegenüber TCDD weist das Meerschweinchen auf. Bei oraler Applikation sind hier LD_{50}-Werte zwischen 0,0006 mg/kg und 0,001 mg/kg ermittelt worden. Andere Tierspezies sind um ein bis zwei Größenordnungen geringer empfindlich [18]. Im wesentlichen liegen alle bisher veröffentlichten LD_{50}-Werte, je nach Applikationsform, unter 1 mg/kg, so daß für einige Warmblüter das TCDD in seiner Toxizität um 4 bis 5 — Größenordnungen über dem Natriumzyanid und um 3 Größenordnungen über dem Strychnin sowie noch um eine Größenordnung über der des Tetrodotoxin und des Saxitoxins liegt (wobei die beiden letztgenannten Toxine auch im vergleichbaren Bereich der Molekulargewichte liegen: TCDD 322, Tetrodotoxin 319, Saxitoxin 372). Die Teratogenität und Embryotoxizität ist inzwischen tierexperimentell erwiesen: eine mutagene sowie die kanzerogene Wirkung kann mit hoher Wahrscheinlichkeit angenommen werden [19].

Es erhebt sich die Frage, ob der international und auch in der DDR gültige obere Grenzwert von 0,1 ppm TCDD in Trichlorphenol und den daraus hergestellten Produkten nicht noch weiter abgesenkt werden muß (0,1 ppm heißt, daß ein Teil auf 10 Millionen Teilen vorhanden ist, oder anders ausgedrückt: 0,1 ppm entspricht 1 Gramm TCDD auf 10 Tonnen Trichlorphenol).

Die Einhaltung und Kontrolle solcher Werte für Verunreinigungskomponenten in entsprechenden Produktionschargen ist nicht zuletzt ein Problem des schnellen und zweifelsfreien, also spezifischen Nachweises bzw. der exakten Bestimmung. Hochleistungsmethoden der Gaschromatographie bzw. gekoppelter MS/GC-Methoden, auf die hier nicht eingegangen werden kann [20], gestatten inzwischen die Bestimmung von 0,01 ppm TCDD in Trichlorphenol. So dürfte auch von dieser Seite aus die chemisch-toxikologische Produktionsüberwachung künftig als gesichert gelten.

Was nun den molekularbiologischen Mechanismus der schädigenden Wirkung der Dioxine und insbesondere des TCDD anbelangt, so gibt es inzwischen zwar mehrere Publikationen und einige Theorien hierzu, aber es fehlt doch noch an der vollständgen Aufhellung des Geschehens auf molekularer Ebene. Soviel scheint erwiesen, daß TCDD in den Porphyrinstoffwechsel eingreift und als ein hochpotenter Induktor der delta-Aminolävulinsäure-Synthetase wirkt, gleichbedeutend mit einem massiven Eingriff in den Leberstoffwechsel [21]. Das ist allerdings noch keine Erklärung von Spätschadeneffekten wie der Leberzellnekrose sowie der anderen Organläsionen. F. B. Boer hat sehr treffend das Schadensbild des TCDD mit dem des chemischen Kampfstoffes Lost (Yperit) verglichen [22]. In diesem Sinne haben auch S. Hussain, L. Ehrenberg, G. Löfroth und F. Gejvall [23] sowie darauf fußend J. P. Seiler [24] den Vergleich zu anderen Alkylantien sowie zu „Intercalating agents" mit ihren Einbaumöglichkeiten in die DNS herangezogen, um die Wirkung des 2,3,7,8-Tetrachlordibenzodioxin und anderer Dioxine als chemische Mutagene verständlich zu machen. Aber noch im Oktober 1976 trifft A. Poland von der Universität Rochester (USA), einer der besten Kenner der Dioxinproblematik, die Feststellung, daß der Mechanismus der toxischen Wirkung des TCDD unbekannt ist [25].

5. *Zur Dioxin-Entgiftung*

Abschließend noch einige Bmerkungen über die Beseitigung und vor allem die Entgiftungsmöglichkeiten des TCDD und verwandter Dioxine.

Spätestens seit dem eingangs erwähnten Zwischenfall bei der BASF 1953 wurde die Entgiftung der „Dioxine" zur Herausforderung für die chemische Toxikologie. Trotzdem ist das Problem bis heute nicht befriedigend gelöst. An diesem Beispiel kann man sehen, daß der entgiftende Abbau einer chemischen Verbindung ebenso komplizierte Fragen aufwirft, wie die Synthese spezieller Strukturen, z. B. von Naturstoffen.

Für viele Jahrzehnte galt dem Chemiker alles entgiftbar, weil er glaubte, daß mit Chlorkalk und notfalls mit Chromschwefelsäure oder mit heißen Laugen letztendlich jede Verbindung zu zerstören ist. Abgesehen vom chemischen Krieg standen in früheren Jahrzehnten Entgiftungsprobleme außerhalb des Laboratoriums allenfalls bei der Abwasserbeseitigung oder bei räumlich begrenzten und daher überschaubaren Sonderdeponien zur Diskussion. Aber selbst für die im Falle eines chemischen Krieges zu erwartenden Kampfstoffe galten jahrzehntelang Chlorkalk und Chloramine als universelle Standardentgiftungsmittel, mit denen man je nach Zubereitungsform von der Hautentgiftung bis zur Geräte- und Gebäudeentgiftung allen Gegebenheiten entsprechen konnte. Wo hier die Grenzen des Machbaren lagen, zeigte sich in den vierziger Jahren erstmals, als es nicht gelang — und dies ist bis heute so! — die teilweise hochtoxischen Monofluoraliphaten, insbesondere die Fluorkarbonsäurederivate und Fluoralkohole, zu entgiften. Nach dem 2. Weltkrieg häuften sich mit dem weiteren Auf- und Ausbau der chemischen Industrie die durch Vor-, Zwischen- und Abprodukte über das Werksgelände hinausreichende Fälle der „Umweltvergiftung". Immer mehr Fremdstoffe erwiesen sich als umweltrelevante Schadstoffe, deren Existenz es nicht nur zu registrieren, sondern die es zu entgiften oder zumindest zu immobilisieren galt.

Am Beispiel der zahlreichen Versuche zur Dioxin-Entgiftung läßt sich gut demonstrieren, wie sehr Chemie auch heute noch eine „Probierkunst" sein kann. Überblickt man das Resultat der Bemühungen, so gibt es folgende Methoden der Entgiftung bzw. Zerstörung oder sonstigen Beseitigung im Sinne einer Immobilisierung.

1. Die Hochtemperaturverbrennung bei 900—1000 °C führt zur kompletten Zerstörung des TCDD [26].
2. Eine Variante der Hochtemperaturverbrennung ist die Hochtemperaturwandlung von Kohlenstoffverbindungen unterschiedlichster Art in Gegenwart von Chlorgas unter Druck zu Tetrachlorkohlenstoff als Hauptprodukt (neben etwas Phosgen und Chlorwasserstoff). Das noch im Versuchsstadium befindliche Verfahren wird als Chlorinolyse bezeichnet [27].
3. Weiterhin ist die Biodegradation im Boden zu nennen, die durch vorwiegend mikrobielle Abbauprozesse innerhalb eines Jahres annähernd 50% des ursprünglich vorhandenen TCDD zersetzt [28].
4. Ein chemisch noch nicht im Detail aufgeklärter Abbau des TCDD ist mit einer Emulsion aus Olivenöl/Zyklohexanon/Wasser möglich. 48 Stunden nach der Geländebehandlung sind 70% des Dioxin zerstört [29]. Die zusätzliche UV-Einwirkung scheint für die Geschwindigkeit des Abbaus wesentlich zu sein, wie Photolyse-Versuche mit chlorierten Dibenzodioxinen in alkoholischer Lösung, nicht aber im Wasser oder in trockenem Zustand überzeugend belegt haben [30]. Lösung der Dioxine in Diäthylenglykoldiäthyläther ist für die UV-Zersetzung ebenfalls empfehlenswert.
5. Abhängig von der Größe des vergifteten Geländes und seiner Beschaffenheit sowie der analytisch ermittelten Eindringtiefe der Dioxine bzw. des TCDD empfiehlt sich das Abtragen der fraglichen Bodenschicht oder (bei glatten Flächen, wie Asphaltstraßen oder Betonwänden) das Absaugen mit Spezial-Staubsaugern. Das abgetragene bzw. abgesaugte Material wird dann wie radioaktives Material (in Blechfässern oder Plastikgefäßen verpackt) untertägig deponiert. Stillgelegte Gruben oder Salzbergwerke eignen sich hierfür besonders gut [31].

Diese insgesamt wenig befriedigende Situation auf dem Gebiet der Dioxin-Entgiftung charakterisiert zugleich auch die Lage, der sich die Medizin hinsichtlich der in -vivo-Entgiftung im menschlichen Organismus gegenüber sieht. Die noch sehr lückenhaften Kenntnisse über den biochemischen Wirkungsmechanismus und die nur unter Extrembedingungen vollziehbare Zerstörung des TCDD ziehen einer Therapie der Dioxin-Vergiftung vorerst noch sehr enge Grenzen. Man vermag lediglich durch Phenobarbital eine allgemeine Enzymaktivierung auszulösen, die den TCDD-Abbau im Körper beschleunigt (bei gleichzeitiger unspezifischer Natriumthiosulfatgabe als einer allgemeinentgiftenden Maßnahme in Verbindung mit anderen symptomatischen Verfahren).

Abschließend seien noch einige Folgerungen gezogen.

Der Seveso-Zwischenfall hat deutlich gemacht,

- daß vorangegangene Zwischenfälle ähnlicher Art nicht umfassend genug ausgewertet worden waren,
- daß auch scheinbar so umfassend bekannte Industrieprodukte wie das Trichlorphenol weder sicherheitstechnisch noch toxikologisch ausreichend untersucht und demzufolge zum Ausgangspunkt umweltgefährdender Zwischenfälle werden können,
- daß es dringend vertiefter Studien über die toxizitätswandelnde Metabolisierung und den entgiftenden Abbau industrieller bedeutsamer Chemikalien unter realen Umweltbedingungen bedarf.
- daß ähnliche Zwischenfälle auch anderenorts und mit anderen Produkten täglich passieren können,
- daß die Auswertung der Ergebnisse in Seveso Angelegenheit aller Staaten ist, die über eine vergleichbare Chemieindustrie verfügen,
- daß die für Untersuchungen zur Analytik und zur Entgiftung benötigten Ausrüstungen sowie das dafür geübte Personal nicht erst *nach* derartigen Zwischenfällen beschafft werden können, sondern daß personell und ausrüstungstechnisch perfekte präventiv-toxikologische Einrichtungen heute zum Gradmesser für das wissenschaftliche und technische Niveau jedes Industrielandes geworden sind (Vorkehrungen auf dem Gebiet des Strahlenschutzes und der Reaktorsicherheit werden auch nicht erst nach erfolgter Explosion eines Kernkraftwerkes in die Wege geleitet),
- daß gegebenenfalls auch jahrzehntelang betriebene chemisch-technische Verfahrensstufen neu überprüft, insbesondere als ummantelte bzw. hermetisch geschlossene Anlagen rekonstruiert werden müssen,
- daß im Unterschied zur immer perfekteren Beherrschung infektiöser Erkrankungen die Klinik und Therapie der Vergiftungen in ihren Möglichkeiten hinter der chemisch-technischen Entwicklung immer mehr zurückzubleiben droht, wenn man nicht parallel mit der chemischen Toxikologie auch eine klinische Toxikologie fördert und insgesamt mehr für die toxikologische Grundlagenforschung aufwendet als bisher.

Mögen die Verantwortlichen das Beispiel Seveso als ein Signal begreifen, das uns davor warnt, Produktion nur als Menge nicht aber als Problem zu sehen.

Auch jenseits der Grenzen des Wachstums gibt es durchaus noch Fortschritt, aber er liegt nicht mehr im Quantitativen sondern vorrangig im Qualitativen. Die weitestgehende Beherrschung der sicherheitstechnischen und damit auch der toxikologischen Risiken ist in unseren Tagen zum Qualitätskriterium der chemischen Produktion geworden. Handeln wir danach!

Literatur

[1] Bauer, H., K. H. Schulz, U. Spiegelberg: Arch. Gewebepath. Gewebehyg. **18**, 538—555 (1961).

[2] Spiegelberg, U.: Psychopathologisch-neurologische Schäden nach Einwirkung synthetischer Gifte. Wehr und Wissen-Verlagsgesellsch. Darmstadt 1961.

[3] Goldmann, P. J.: Medichem, Internat. Symp., Proceeding, 220—227 Ludwigshafen 1972.

[4] Lohs, Kh.: Z. Militärmed. **14**, (6) 318—319 (1973).

[5] o. V.: Crime de Genocide au Süd Vietnam. Editions Liberation Süd Vietnam, Mars 1963. s. auch: G. Grümmer: „Herbizide in Vietnam". Vietnam Ausschuß d. DDR Berlin 1969.

[6] Lohs, Kh.: Delayed Toxic Effects of Chemical Warfare Agents. A SIPRI Monograph. Almquist and Wiksell Intern. Stockholm/New York 1975.

[7] Lohs, Kh., J. Matoušek: atom (ČSSR) **8**, (2), 52—53 (1976).

[8] Lohs, Kh.: Der Mißbrauch der chemischen Forschung, Sitzungsberichte d. Akad. Wiss. der DDR 6 N/1975, Akademie-Verlag, Berlin 1975; s. auch Lohs Kh.: Umweltkrieg und Abrüstung, Sitzungsberichte d. Akad. Wiss. d. DDR 13 N/1976 S. 5—20 Akademie-Verlag, Berlin 1976.

[9] CCD/GE 76-84171.

[10] SIPRI-Yearbook 1977. Almquist and Wiksell Internat. Stockholm, 1977.

[11] Herxheimer, K.: Münch. med. Wschr. **1899**, 278.

[12] Vahrenholt, F.: Umwelt Nr. 1/1977, 59—64.

[13] Westing, A. H./SIPRI: Ecological Consequences of the Second Indochina war. Almquist and Wiksell International, Stockholm 1976.

[14] Buu-Hoi, N. P., G. Saint-Ruf, P. Bigot, M. Mangane: C. R. Acad. Sci, Ser. D. **273**, 708—711 (1971).

[15] Milnes, M. H.: Nature **232** (6. Aug. 1971) 395—396(1971); vgl. auch G. Saint-Ruf, Naturwiss. **59**, 648 (1972).

[16] Sandermann, W.: Naturwiss. **61**, 207—213 (1974).

[17] Huff, J. H., J. S. Wassom: Intern. J. Environmental Studies. 6, 13—17 (1974); s. auch R. M. Oliver: Brit. J. Industr. Med. **32**, 49—53 (1975). P. J. Golgmann: Arbeitsmed. Sozialmed. Arbeitshyg. **7**, 12—18 (1972). G. May: Brit. J. Industr. Med. **30**, 276—283 (1973).

[18] Schwetz, B. A., J. M. Norris, G. C. Sparschu, V. K. Rowe, P. J. Gehring, J. L. Emerson, G. C. Gerbig: Environm. Health Perspektives, Exp. Issue Nr. 5, 87—100 (1973); s. auch: R. D. Kimbrough: CRC Crit. Rev. Toxicol. **2**, 445—498 (1974). M. W. Harris, J. A. Moore, J. G. Vos, B. N. Gupta: Environm. Health Perspectives, Exp. Iss. Nr. 5, 101—110 (1973).

[19] Buu-Hoi, N. P., D. P. Hien, G. Saint-Ruf, J. Servoin-Sidoine: C. R. Acad. Sci., Ser. D. **272**, 1447—1450 (1971); s. auch **23**. G. W. Gribble: Chemistry **47** (2) 15—18 (1974). D. Neubert, P. Zens, A. Rothenwallner, H. J. Merker: Environm. Health Perspect. Exp. Issue Nr. 5, 233—240 (1973).

[20] Firestone, D., J. Ress, N. C. Brown, R. P. Barron und J. N. Damico: J. Assoc. offic. Anal. Chemists **55**, 85—92 (1972);
s. auch: E. A. Woolson, R. F. Thomas und P. D. J. Ensor: J. Agr. Food Chem. **20** (2) 351—354 (1972). S. Jensen, L. Renberg: Ambio **1** (2) 1—4 (1972).

[21] Poland, A., E. Glover: Science 179, 476–477 (1973).
[22] Boer, F. B.: J. Am. Chem. Soc. 94, 1006–1007 (1972).
[23] Hussain, S., L. Ehrenberg, G. Löfroth und T. Gejvall: Ambio 1 (1), 32–33 (1972).
[24] Seiler, J. P.: Chimia 29, (1) 1975.
[25] Poland, A. und A. Kende: Federation Proc. 35 (12) 2404–2411 (1976).
[26] Langer, H. G., T. P. Brady, L. A. Dalton, T. W. Shannon und P. R. Briggs: 162nd Mtg. Am. Chemical. Soc., Washington 1971 PEST Sect., No. 83.
[27] Kearney, P. C., E. A. Woolson, A. R. Isensee und C. S. Helling: Environ. Health Perspec. Exp. Issue Nr. 5 273–277 1973.
[28] Kearney, P. C., E. A. Woolson, und C. P. Ellington: Environ. Sci. Technol. 6, 1017 (1972);
s. auch: F. Matsumura und H. J. Benezet: Environm. Health Perspectives Exp. Issue Nr. 5, 81–86 (1973).
[29] o. V.: Europa-Chemie, 17/1976 S. 298, 18/1976 S. 313, 20/1976 S. 362.
[30] Crosby, D. G., A. S. Wong, J. R. Plimmer, E. A. Woolson: Science 173, 748–749 (1971). D. G. Crosby und A. S. Wong: J. Agr. Food Chem. 21, 1052–1054 (1973). J. R. Plimmer: Advances in Chemistry Ser. 120, 44–48 (1973).
[31] Jagsch, R., Kh. Lohs: Chem. Technik 28, (4) 209–214 (1976).

Emanuel Heinisch

Zur ökotoxikologischen Bewertung polychlorierter Dibenzo-p-dioxine

1. Einleitung

Eines der für die Gesellschaft bedeutsamsten Ziele ökotoxikologischer Betrachtung umweltwirksamer Verbindungen, ihre biogeochemischen Zyklen miteinbegriffen, ist, Verhaltensweisen zu ermitteln, die es gestatten, eine begrenzte oder unbegrenzte Zeit mit diesen Stoffen zu leben. Auf diesem Wege sind folgende Teilschritte zurückzulegen.

- Es ist festzustellen, aus welchen *Quellen* der Stoff in welchen *Mengen* in die Umwelt gelangt. Dies wird bei einer gezielten Applikation definierter Verbindungen, wie sie z. B. bei Pharmaka oder bei Phytoregulatoren erfolgt, relativ einfach sein. Weitaus komplizierter ist dieser Teilschritt bei solchen Verbindungen, die mehrere Quellen haben, d. h. die aus den verschiedensten Anlässen in die Umwelt gelangen können. Hierzu gehören z. B. auch die hier infrage stehenden polychlorierten Dibenzo-p-dioxine. Am meisten erschwert wird aber diese Ermittlung dann, wenn begründete Ursachen vorliegen dafür, daß die Verbindung z. B. durch photolytische oder pyrolytische Prozesse in den Umweltmedien aus anderen Fremdstoffen produziert werden kann. Auch dies trifft für die polychlorierten Dibenzo-p-dioxine in bestimmten, extremen Fällen zu.
- Aus der tierexperimentellen Toxikologie bzw. durch Auswertung akzidenteller Vergiftungen sowie aus verschiedenen angewandten Disziplinen wie z. B. der Phytopathologie, der Veterinärmedizin u. v. a. m. liegen Hinweise über *biochemische und pharmakokinetische Wirkungsmechanismen* vor, die häufig von anderen Disziplinen, wie z. B. der Boden-, Wasser-, Luft- oder Lebensmittelhygiene bereits im Sinne von z u m u t b a r e n G r e n z w e r t e n ausgewertet wurden. Diese Daten sind zusammenzutragen, aufeinander abzustimmen und, soweit möglich, zu einem Gesamtgefüge zu vereinen.
- Aus den gleichen Quellen liegen zumeist auch Hinweise über das *Verhalten der Stoffe in der Pedo-, Hydro- und Atmosphäre* vor, sowie Angaben zur *Anreicherung* der Verbindungen über *biologische Ketten.* Häufig werden solche

Untersuchungen als Vorarbeiten zur Ermittlung von Grenzwerten und restriktiven Maßnahmen wie Anwendungsbegrenzungen u. a. angestellt. Auch diese Arbeiten sind zusammenzutragen, zu ergänzen und wiederum zu Systemen, die also Reaktions- und Transportmechanismen enthalten, zusammenzufassen. Das Transport- und Reaktionsgeschehen, das auf dem Zusammenwirken abiotischer und biotischer Faktoren beruht, ist wesentlicher Bestandteil biogeochemischer Zyklen und grundsätzliche Voraussetzung für ökotoxikologische Aussagen.

Während es also mehr oder weniger gut möglich ist, für die meisten Stoffe durch das Studium ihres Verhaltens zulässige Grenzkonzentrationen in den Umweltmedien einschließlich der Lebens- und Futtermittel häufig nur für eine limitierte Zeitspanne festzulegen, trifft dies alles für das TCDD nicht zu. Die toxischen Eigenschaften dieser Verbindung haben einen so extremen Charakter, daß seine Herstellung, womit natürlich auch ein gewisser Eintrag in die Umwelt verbunden ist, allenfalls zu Forschungszwecken vertretbar erscheint. Wenn wir uns also im folgenden mit dem Verhalten dieser Verbindung und — soweit dies erforderlich erscheint — seinen Homologen in der Pedo- und Hydrospäre auseinandersetzen wollen, so gilt dies nicht dem Ziel, ertragbare Mengen festzulegen, sondern um festzustellen, welche Zeiten z. B. nach Havarien vergehen müssen, ehe solche Medien einer anthropogenen Nutzung im weitesten Sinne wieder zugänglich sind, und wie man gegebenenfalls solche Prozesse beschleunigen kann. Wenn wir hier z. B. die Pflanzenaufnehmbarkeit dieser Verbindung betrachten, so nicht in dem Sinne wie etwa bei Herbiziden oder Insektiziden, wo ein Boden eine bestimmte Höchstmenge an diesen Wirkstoffen enthalten darf, damit die zuläsige Toleranz in der Kulturpflanze (und damit dem späteren Lebensmittel) nicht überschritten wird. Die Fragestellung lautet hier vielmehr: ist es möglich, mit Hilfe bestimmter Pflanzen, die in der Lage sind, diese Stoffe aus dem Boden herauszuholen, diesen beschleunigt zu dekontaminieren. Und wenn wir endlich bestimmte tierische Organismen herausstellen, die gegenüber dem TCDD eine auffällige Resistenz an den Tag legen, so nicht etwa um seine Toxizität in irgendeiner Weise infrage zu stellen oder um Kuriositäten zu demonstrieren, sondern gleichfalls, um alle Möglichkeiten einer Dekontamination zu analysieren.
Alle diese Bestrebungen können aber nicht darüber hinwegtäuschen, daß die alleinige für Mensch und Umwelt tragbare Lösung des Dioxin-Problems darin liegt, technische Produktionsprozesse so zu leiten, daß diese Verbindungen und vor allem das TCDD nicht entstehen. Da dieses Problem aber global und demzufolge nicht durch einen Verwaltungsakt zu lösen ist, und vor allem, weil Havarien auch im Ausland nicht nur aus humanitären und kulturellen, sondern ebenso aus ökologischen Gründen auch uns zu interessieren haben, wollen wir uns der Betrachtung einiger ökotoxikologischer Eigenschaften von TCDD zuwenden.

2. Eintrag von TCDD und seine Bildung aus anderen Stoffen in den Umweltmedien

Einen mehr oder weniger breiten Raum in der bürgerlichen Tagespresse nahmen die Havarien an Trichlorphenol-Produktionsanlagen ein. Während die sehr bedeutsamen Unfälle 1953 bei der Badischen Anilin- und Sodafabrik Ludwigshafen, 1963 bei der Philips Duphar Amsterdam und 1964 bei der Dow Chemical Company sowie die offenbar weniger folgenschweren 1956 auf dem Gelände der Firma Boeringer in Ingelheim/Rhein, 1968 bei der Coalite and Chemical Product Plant in Bosovore/Derbyshire (England), 1973 der Chemie Linz (Österreich) und 1974 der Bayer AG Leverkusen nur wenig beachtet blieben, war es die Katastrophe bei der ICMESA in Seveso 1976, die in allen Massenmedien verbreitet wurde. Auch wurde hier erstmals der Hergang der Explosion und die hierbei freigesetzten TCDD-Mengen — soweit dies möglich ist — beschrieben.

Der größte Eintrag von Dioxinen, insbesondere von TCDD, erfolgte aber in den Jahren 1961 bis 1971 in Vietnam, als von der US-Armee allein auf dem damaligen Gebiet von Südvietnam mehr als 40 Millionen kg des 2,4,5-T enthaltenen Herbizids „Agent Orange" versprüht worden waren. Zusammensetzung und Applikationsraten der in Südvietnam eingesetzten Herbizide sind der Tab. 1, die Absolutmengen der am häufigsten verwandten Stoffe der Tab. 2 zu entnehmen.

Tabelle 1
Übersicht der in Südvietnam von der US-Armee eingesetzten Herbizide (o. V. 1971 und o. V. 1974)

Bezeichnung	Zusammensetzung (%)	Konzentration g/l	Applikationsmenge (kg/ha Vietnam	USA
Orange	n-Butylester 2,4-D (50)	491	30	2,2
	n-Butylester 2 4 5-T (50)	527		
Purple	n-Butylester 2,4-D (50)			
	n-Butylester 2,4,5-T (30)			
	Isobutylester 2,4,5-T (20)			
White	Triisopropanolaminosalz 2,4-D	228	6,7	
	Triisopropanolaminosalz Picloram	62	1,7	0,6
Blue	Natriumkakodylat (27,7)		10,5	5,6 . . . 8,4
	freie Kakodylsäure (4,8)			

Nach Angaben aus den USA (o. V., 1974) hatte der in Vietnam eingesetzte technische Wirkstoff einen Gehalt an TCDD von etwa 40 ppm. Das würde bedeuten, daß — sollten die US-amerikanischen Zahlen korrekt sein — allein über dem damaligen Territorium von Südvietnam etwa 2000 kg TCDD ausgebracht worden waren.

Tabelle 2
Einsatz von Herbiziden durch die US-Armee in Südvietnam (nach WESTING 1972)

Jahr	Agent Blue	Agent White	Agent Orange	Insgesamt (T kg Wirkstoff)
1962	57	0	3	60
1963	286	0	1	287
1964	966	0	44	1 010
1965	1 800	0	278	2 078
1966	8 188	115	439	8 742
1967	8 597	2 569	934	12 099
1968	9 014	2 582	717	12 313
1969	12 606	1 087	486	14 179
1970	850	508	138	1 495
1971	0	?	?	?
gesamt	42 363	6 861	3 039	52 263

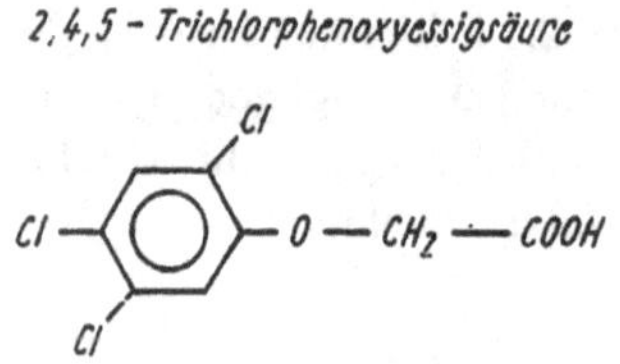

Abb. 1 2,4,5-T

Dampfdruck: ~ 10^{-2} Torr (Butoxypropanolester, 20 °C)
Wasserlöslichkeit: 278 ppm (freie Säure, 25 °C)
LD_{50} p. o.: Ratte 500 mg/kg; Hunde ~ 100 mg/kg. Sehr geringe Tendenz zur Speicherung in tierischen Organen und Geweben. Exkretion mit der Milch laktierender Tiere nur bei extrem hohen Gaben. Keine teratogenen, cancerogenen und mutagenen Effekte der reinen Verbindung im Tierversuch.
Verhalten in den Umweltmedien: relativ hohe Persistenz in Boden und Wasser; entsprechend dem extrem hohen Dampfdruck, Ausbreitung über die Atmosphäre.

Die tatsächliche Menge des so eingeschleppten TCDD wird sich jedoch kaum auch nur näherungsweise feststellen lassen, da die Herbizideinsätze mit „Agent Orange“ und „Agent Purple“ auch auf das Gebiet der damaligen DRV sowie auf Kambodscha ausgedehnt wurden und hierfür keinerlei Zahlenmaterial vorliegt.

Die Bildung von TCDD aus dem Herbizid 2,4,5-T ist denkbar auf dem Wege der *Pyrolyse* und der *Photolyse*. Modellversuche von PLIMMER (1973) und KEARNEY u. Mitarb. (1973), die natürliches und auch „künstliches“ Sonnenlicht zur Bestrahlung von reinem 2,4,5-T ebenso wie von Pflanzenteilen verwendeten, die mit dem Wirkstoff behandelt worden waren, ergaben in keinem Fall eine TCDD-Bildung aus 2,4,5-T durch Bestrahlung. Demgegenüber führte ein 30 Minuten bis 12 Stunden dauerndes Erhitzen des Natriumsalzes von 2,4,5-T auf 300 bis 350 °C in einem offenen Rohr zur Bildung von 1000 bis 3000 ppm TCDD (o. V., 1974). Bei der Einschätzung dieses Versuchsergebnisses muß jedoch festgestellt werden, daß es sich hier um eine bimolekulare Reaktion handelt, bei der die Ausbeute mit sinkender Konzentration der Ausgangsprodukte abnimmt. Es kann also nicht ausgeschlossen werden, daß beim Verbrennen 2,4,5-T-enthaltender Pflanzenrückstände TCDD entsteht, jedoch nur in äußerst geringen Mengen, da 2,4,5-T auf den Pflanzen schnell abgebaut wird und so nur sehr geringe Ausgangskonzentrationen vorliegen. Unter normalen Anwendungsbedingungen, wie sie in der Pflanzenproduktion gegeben sind, würde es nie zu einer Verbrennung von 2,4,5-T enthaltenden Pflanzen kommen, da diese bereits durch das Herbizid zerstört sind. Andere Verhältnisse liegen jedoch bei den Entlaubungsaktionen in Indochina vor, da hier mit etwa 15fachen Anwendungsmengen gearbeitet und die so „behandelten" Gebiete häufig mit Hilfe von Napalm, also bei sehr hohen Temperaturen abgebrannt wurden. Unter diesen Umständen muß mit der Bildung größerer TCDD-Mengen gerechnet werden.

3. Physikalische und chemische Eigenschaften als Grundlage für das Verhalten von TCDD in den Umweltmedien

Die physikalischen und chemischen Eigenschaften einer Verbindung haben nicht nur entscheidenden Einfluß auf ihre pharmakologischen (und somit auch toxikologischen) Wirkungen, auf die Resorption, den Transport innerhalb des Organismus, den Metabolismus und die Elimination. Sie prägen vielmehr in gleicher Weise auch das Verhalten in den Umweltmedien Pedo-, Hydro- und Atmosphäre, den Übergang von einem Medium in das benachbarte, die Fähigkeit von pflanzlichen oder tierischen Organismen, aus diesen abiotischen Trägern aufgenommen, weitergeleitet und verarbeitet zu werden, und letztlich, als Konsequenz hieraus, die biologische Kettenverstärkung, im Englischen sehr treffend als „biomagnification" bezeichnet.

Häufig wird als Ergebnis des Zusammenwirkens chemischer und physikalischer Eigenschaften, Empfindlichkeit bzw. Resistenz gegenüber Mikroorganismen eingeschlossen, die Bezeichnung *Persistenz* verwendet. Dieser Begriff kann unter den Bedingungen der Biosphäre nur mit sehr großen Einschränkungen verglichen werden mit dem gleichen Terminus in der Chemie, in der er die zeitliche Beständigkeit definierter Substanzen, die unter gleichfalls definierten Bedingungen genau bekannten physikalischen oder chemischen Aktivitäten ausgesetzt sind, wiedergibt. In die Natur eingetragene Stoffe gelangen jedoch in einen Reaktionskessel, der in bezug auf Raum und Zeit physikalisch, chemisch und biologisch nur näherungsweise zu erfassen und zu beschreiben ist. Die Persistenz wird hier zum Hilfsbegriff, der Voraussagen über ökotoxikologische Rezeptor-Wirkungs-Aktivitäten ermöglichen soll.

Bei dem TCDD, dessen wichtigste physikalische und chemische Aktivitäten, soweit sie aus der Literatur zugänglich waren, in Tab. 3 zusammengefaßt wurden, fallen zunächst zwei Eigenschaften besonders auf. Es ist dies einmal die besonders *hohe Thermostabilität* bis zu Temperaturen von etwa 800° C, die vor allem die Probleme bei der Dekontamination bereits voraussehen läßt, und zum anderen die *extrem niedrige Wasserlöslichkeit.*

Tabelle 3

Physikalische und chemische Eigenschaften von TCDD, zusammengestellt nach o. V. 1974, Kearney u. Mitarb. 1973 u. Plimmer 1973

Löslichkeit (ppm bei Raumtemperatur) in:

Wasser: äußerst gering: 0,0002 ppm oder 0,2 ppb bei 25 °C

organischen Lösungsmitteln: sehr wenig löslich in Kohlenwasserstoffen; in Benzol 570 ppm; etwas besser in Chlorkohlenwasserstoffen: 1 400 ppm in o-Dichlorbenzol

Lipoid-Substanzen: gleichfalls sehr geringe Löslichkeit in Schweinefett: etwa 40 bis 50 ppm

Dampfdruck: sehr gering

Verhalten gegenüber hohen Temperaturen: thermostabil bis etwa 800 °C

Verhalten gegenüber Strahlung: durch Sonnen- und UV-Strahlung Photolyse, wenn TCDD in alkoholischer Lösung vorliegt; Stabilität in wäßriger Suspension, sowie in fester Form im Freien und vermischt mit Boden

Verhalten gegenüber von Säuren und Laugen: stabil auch bei Einwirkung konzentrierter Agentien

Verhalten gegenüber Oxydations- und Reduktionsmitteln: keine Angaben

In Tab. 4 sind die Wasserlöslichkeiten einiger Umweltnoxen zusammengestellt. Als vor etwa 20 Jahren die ökotoxikologischen Eigenschaften des DDT bekannt wurden, vor allem aber seine Fähigkeit zur biologischen Kettenverstärkung, wurde das auf die geringe Wasserlöslichkeit, verbunden mit der guten Lipoidlöslichkeit zurückgeführt. Inzwischen ist mit dem Hexachlorbenzol eine Verbindung bekannt geworden, bei der diese Eigenschaften noch deutlicher ausgeprägt sind. Das TCDD liegt aber in seiner Wasserlöslichkeit noch um eine Zehnerpotenz unter dem HCB. Ungeachtet dessen verliefen die wenigen Untersuchungen auf eine Anreicherung der Substanz in den Endgliedern von Nahrungsketten negativ, was hier auf die geringe Löslichkeit in Lipoidsubstanzen zurückzuführen ist.

Bedauerlicherweise konnten wir keine genauen Hinweise zum *Dampfdruck* von TCDD ermitteln; doch dürften die mit „sehr gering" bezeichneten Angaben auf Werte unterhalb von 10^{-8} Torr zu veranschlagen sein. Der beobachtete Transport in der Atmosphäre ist gewiß zu einem erheblichen Teil auf Adsorption an Staubartikel, gegebenenfalls auch auf Kodestillation mit der Bodenfeuchtigkeit zurückzuführen.

Tabelle 4
Löslichkeit einiger als Umweltkontaminanten in Erscheinung tretender Halogenkohlenwasserstoffe in Wasser im Vergleich zu TCDD

Verbindung (common name)	Löslichkeit in Wasser bei 25 °C in µg/l (ppb)
TCDD	0,2
HCB	5,0
p, p'-DDT	5,5
Clophen A 6 (Isomerengemisch polychlorierter Biphenyle mit 60% Cl)	9,0
o, p'-DDT	26
Methoxychlor	100
Dieldrin	200
β-HCH	240
Endrin	260
β-Endosulfan	280
α-Endosulfan	580
Camphechlor	740
Dicofol	1 320
α-HCH	2 000
γ-HCH (Lindan)	7 800
δ-HCH	31 400

4. Verhalten im Boden, Pflanzenaufnehmbarkeit

Von besonderem Interesse sowohl bei industriellen Havarien als auch bei sonstigem Eintrag von TCDD in die Umweltmedien ist sein *Verhalten im Boden* und die sich hieraus ergebende Konsequenz einer *Aufnahme* durch *Kulturpflanzen* nicht nur im Hinblick auf eine Kontamination der Nahrung von Mensch und Tier. Im Boden erweist sich der Wirkstoff als außerordentlich persistent.

Matsumura und Benezet (1973) konnten in Modell- und Freilandversuchen keinen mikrobiellen Abbau feststellen. Auch ein Beimpfen der Böden mit Reinkulturen verschiedener Bodenbakterien und -pilze hatte keine Beschleunigung des Abbaus zur Folge. Desgleichen blieb — wegen der extrem geringen Wasserlöslichkeit — auch eine Penetration in tiefere Bodenschichten und somit die Möglichkeit einer Kontamination des Grundwassers aus.

Über Modellversuche zur Persistenz im Boden berichtet Westling (1977). Danach wurde TCDD zwei extrem verschiedenen Böden (vermutlich Bodenarten) zugefügt und unter warmen und feuchten Bedingungen inkubiert. 350 Tage nach Beginn des Versuches wurden 54 bzw. 71% der ursprünglich zugesetzten Wirkstoff-Menge unabhängig von der Initialkonzentration wiedergefunden. Die Versuchsanstellen folgern aus diesen Ergebnissen, daß die „Halbwertszeit“ im Boden auf mehr als ein Jahr zu veranschlagen sei.

Während TCDD in alkoholischer Lösung empfindlich ist gegenüber kurzwelliger Strahlung, wird es in wäßriger Suspension und als Oberflächenbelag am Boden nach KEARNEY (1973) fast gar nicht angegriffen.

Die Havarie in Seveso führte zu verstärkten Bemühungen auf der Suche nach einer *Abbaubeschleunigung* des TCDD im Boden. Von der Firma Givaudan wurde dann folgendes Verfahren vorgeschlagen (HAY 1976): Der kontaminierte Boden sollte mit einer Emulsion aus Olivenöl, Wasser und Cyclohexanon behandelt werden. Das Wirkprinzip dieser — offenbar im Laboratorium erfolgreich erprobten — Methode liegt in einer photochemischen Reaktion, bei der die Chlor-Atome von den Doppelbindungen der mehrfach ungesättigten Ölsäuren des Olivenöls aufgenommen und das Ringgerüst aufgespalten werden sollen. Das Cyclohexanon wirkt als Lösungsmittel für das TCDD und soll die ultraviolette Strahlung des Sonnenlichtes absorbieren. Über die tatsächliche Effektivität dieses Verfahrens herrscht allerdings insofern Skepsis, als das Sonnenlicht nach SMITH (zitiert bei HAY 1976) zu wenig UV-Strahlung des Wellenlängenbereiches enthält, der von Cyclohexanon absorbiert wird. Auch ist zu erwarten, daß durch das Cyclohexanon das in Wasser unlösliche und daher an der Bodenoberfläche verbleibende TCDD nun doch gelöst und in tiefere Bodenschichten transportiert wird, wo es einmal an den Ton-Humus-Komplex adsorbiert und so vollends konserviert wird bzw. die Möglichkeit eines Eindringens in oberflächennahes Grundwasser trotz der erwähnten geringen Wasserlöslichkeit besteht.

Die ungewöhnlich hohe Persistenz im Boden wird besonders deutlich durch eine „Episode" in Missouri, wo die Verbindung, gelöst in einem „ölhaltigen Rückstand", auf eine geschlossene Bodendecke, nämlich auf die Pisten einer Pferderennbahn ausgebracht wurde und wo trotz zweimaligen Entfernens der oberen Bodenschicht noch drei Jahre nach der Pollution Krankheits- und Todesfälle an Pferden, Hunden, Katzen, Nagetieren, Geflügel und freilebenden Vögeln auftraten. Aus dieser Erscheinung — die sich offenbar in Seveso wiederholt — könnten zwei Schlußfolgerungen gezogen werden.

— Die Verbindung gelangt, trotz ihres geringen Dampfdruckes, in die bodennahe Atmosphäre, wo sie ihre toxischen Eigenschaften entfalten kann.
— Es ist nicht auszuschließen, daß TCDD z. B. Chitin zu durchdringen vermag, da es offenbar imstande ist, durch Hufe und durch die chitinöse Kutikula verschiedener Tiere zu dringen.

Nach RAWLS und O'SULLIVAN (1976) ist für eine zuverlässige Dekontamination des Bodens ausschließlich die Behandlung in einer *Verbrennungsanlage bei Temperaturen nicht unter* 1200° C zureichend; in der gleichen Anlage können dann auch Bäume und andere Pflanzen sowie brennbare Materialien vernichtet und Gebäudeteile dekontaminiert werden. Verbrennungsversuche in Öfen mit niedrigeren Temperaturen oder mit Hilfe von Flammenwerfern würden, nach Meinung der Autoren, lediglich zu einer breiteren Verteilung des Wirkstoffes führen.

Zur Ermittlung der *Pflanzenaufnehmbarkeit* stellten ISENSEE und JONES (1971) Modellversuche mit Hafer- und Sojabohnenpflanzen an, die in Nährlösungen bzw. auf sandigem Lehmboden wuchsen, die ein mit ^{14}C markiertes TCDD-Präparat enthielten. Die in den Tab. 5 und 6 festgehaltenen Aufnahmeraten zeigen vor allem für die oberirdischen, grünen Pflanzenteile nur geringe und mit zunehmendem Reifegrad abnehmende Werte. Ließ man die Pflanzen ausreifen, konnte gar kein TCDD mehr nachgewiesen werden. Aus diesen Ergebnissen kann man folgern, daß TCDD zwar aus aquatischem und terrestrischem Milieu über das Wurzelsystem aufgenommen und — wenn auch nur in sehr geringen Mengen — innersystemisch in obere Pflanzenteile transloziert wird. Dieser Vorgang bleibt aber durchweg auf das Stadium der frühen Vegetation beschränkt, geht sehr langsam vor sich und kommt, wenn sich die Pflanzen dem Reifezustand nähern, schließlich völlig zum Stillstand. Eine Akkumulation durch die Pflanzen im Sinne einer An-

Tabelle 5
Aufnahme von ^{14}C-markiertem TCDD durch Hafer- und Sojabohnenpflanzen aus einer 0,18 ppm enthaltenen Nährlösung, bestimmt mit einer radiometrischen Methode; nach ISENSEE und JONES (1971)

Absorptionszeit (in Tagen)	TCDD-Aufnahme (in ppm)			
	Sojabohnen		Hafer	
	Wurzeln	Grünteile	Wurzeln	Grünteile
1	9,7	0,77	8,8	1,50
2	13,9	0,65	14,9	0,73
4	19,0	0,34	18,6	0,68
8	16,4	0,11	27,1	0,21
12	20,2	0,07	21,5	0,13
14	15,0	0,03	17,0	0,13

Tabelle 6
Aufnahme von ^{14}C-markiertem TCDD durch Hafer- und Sojabohnenpflanzen aus sandigem Lehmboden mit 0,6 ppm TCDD, bestimmt mit einer radiometrischen Methode; nach ISENSEE und JONES (1971)

Absorptionszeit (in Tagen)	TCDD-Aufnahme (in ppm) Hafer	Sojabohnen
6	0,066	0,032
10	0,132	0,057
15	0,057	0,042
20	0,041	0,015
25	0,030	0,010
30	0,020	0,006
40	0,013	0,005

reicherung findet nicht statt. Demzufolge kann auch eine Kontamination von Lebensmitteln pflanzlicher Herkunft auf diesem Wege ausgeschlossen werden. Gleichfalls aber auch eine Reinigung des Bodens von der persistenten Verbindung.

In ähnlicher Weise findet eine *Kutikulapermeation* mit nachfolgendem Transport in das Pflanzeninnere als Folge topischer Behandlungen nach Isensee und Jones (1971) auch nicht statt.

5. *Verhalten von TCDD in aquatischen Ökosystemen; biologische Kettenverstärkung*

Zur Beobachtung des Verhaltens von TCDD in Wasser wurden von Miller u. Mitarb. (1973) Modellversuche in Aquarien angestellt, in deren mit definierten Wirkstoffmengen versetztem Wasser Silberlachse (Oncorhynchus kisutch) gehalten wurden. Der TCDD-Gehalt in dem Wasser nahm während des Versuches ab, am schnellsten in den ersten 24 Stunden, wo die Dioxin-Werte um mehr als 50% sanken. Die Regressionsanalyse zeigte zwischen der 24. und 96. Stunde eine lineare Abnahme nach der Gleichung:

$$Y = 63{,}1 - 13{,}5\,X$$

Y = % TCDD der ursprünglich zugesetzten Menge

X = Zeit zwischen Versuchsbeginn und Messung

$M^2 = 0{,}86$

Die schnelle Abnahme innerhalb der ersten 24 Stunden wird von den Bearbeitern hauptsächlich auf Adsorptionserscheinungen z. B. an organischen Schwebestoffen) zurückgeführt, die schließlich zu einer Gleichgewichtseinstellung führten. Der lineare Rückgang von der 24. bis zur 96. Stunde kann nicht erklärt werden; es wird vermutet, daß es sich hierbei um Kombinationseffekte von Adsorption, Aufnahme durch die Versuchstiere und eventuell auch Verdunstung handelt.

Zur *Toxizitätsbestimmung gegenüber verschiedenen Wasserlebewesen* wurden junge Silberlachse der Wirkung unterschiedlich hoher TCDD-Konzentrationen im Wasser ausgesetzt. Eine 24 Stunden dauernde Exposition von 54 ppt TCDD in dem Wasser führte zu irreversiblen Intoxikationen und hatte den Tod aller Tiere innerhalb von 40 Stunden zur Folge. Konzentrationen von 5,4 ppt TCDD verursachten eine 55%ige Mortalität innerhalb des Beobachtungszeitraumes von 60 Stunden, 0,054 ppt eine 12%ige, verglichen mit 2% Letalausfällen bei den Kontrollen. Gleichzeitig konnte festgestellt werden, daß die Körperlänge (und entsprechend das Körpergewicht) die Toxizität in dem Sinne beeinflußte, daß längere, (und schwerere) Versuchstiere größere Expositionszeiten überlebten als kleinere, eine Beobachtung, die bei zahlreichen Toxinen und Organismen gemacht wurde.

Die Regrassionsanalyse ergab, daß der Einfluß des Körpergewichts auf die Überlebenszeit signifikant linear war (P 0,01) und der folgenden Gleichung gehorchte:

$$Y = 13{,}8 + 7{,}7\,X$$

Y = Zeit bis zur 50%igen Mortalität (Tage)

X = Körpergewicht (g)

$M^2 = 0{,}87$

Ausgehend von den zuletzt genannten Versuchen, die sehr hohe Toxizitätswerte für die untersuchten Fische erkennen ließen, unternahmen Beatty u. Mitarb. (1976) Toxizitätsversuche an verschiedenen Wachstumsstadien einer amerikanischen Froschart (Rana catesbeiana). Hierbei sollten auch eventuelle *Analogien* zum *teratogenen Verhalten* von TCDD überprüft werden. In der ersten Phase wurde an Kaulquappen jeweils 25, 50, 100, 200 und 1000 µg TCDD/kg gelöst in Olivenöl als einmalige Rate intraperitoneal injiziert und die Überlebensrate bis zum 50. Tag nach der Administration gemessen. Das Ergebnis zeigte absolut keine Unterschiede der TCDD-Applikation zur Kontrolle bis zur höchsten Dosis von 1 mg/kg. Desgleichen wurden keinerlei histopathologische Veränderungen an Leber, Herz, Nieren, Lunge und den Fortpflanzungsorganen der Tiere, die kurz nach Abschluß der Metamorphose getötet und untersucht wurden, festgestellt.

Da biochemische und physiologische Unterschiede zwischen dem Larvenstadium und Adulten bei Rana catesbeiana bestehen, wurden anschließend die gleichen Untersuchungen an adulten Tieren angestellt. Die Versuchsansteller erhofften sich hiervon Aufschlüsse zum toxikologischen Wirkungsmechanismus von TCDD. Das Ergebnis dieser Analyse (die bis zu einer Administrationsrate von 500 µg/kg an adulten Tieren mit einem Gewicht von 100—250 g durchgeführt wurden) zeigte wiederum keinerlei Abweichungen in den Mortalitätsraten und den histopathologischen Befunden bei den Versuchstieren gegenüber den Kontrollorganismen selbst bei den höchsten Applikationsraten. Hieraus wird von Beatty u. Mitarb. gefolgert, daß TCDD offenbar keine Effekte auf amphibische Metamorphosen ausübt, was im Zusammenhange mit den teratogenen Eigenschaften der Verbindung bei Warmblütlern bemerkenswert erscheint. In die Versuche wurden auch im Wasser lebende Invertebraten, wie Larven der Stechmücke (Aedes aegypti), die Wasserschnecke Physa sp. und der Ringelwurm Paranais sp. mit einbezogen. Hierbei konnten, im Vergleich zu entsprechenden Kontrolltieren, keine signifikant belegbaren, durch TCDD in Konzentrationen bis zu 200 ppt im Wasser verursachten Toxizitätserscheinungen festgestellt werden.

Zur Feststellung des Transportes von TCDD innerhalb aquatischer Systeme wurden von der Herbicide Assessment Commission der American Association for the Advancement of Sciences vier Monate nach dem letzten Herbizideinsatz in Vietnam aus mehrere Kilometer entfernten Flußteilen Proben von Speisefischen und verschiedenen Krustentieren gezogen und auf ihren TCDD-Gehalt hin überprüft. In allen Proben von Karpfen (Puntis spec.), Wels (Pangasius spec.) und Garnelen (Machrobrachium spec.) wurde TCDD in Mengen gefunden, die der Tab. 7 zu entnehmen sind.

Tabelle 7
TCDD in Fischen und Krustentieren vietnamesischer Gewässer, 4 Monate nach der letzten bekannten Entlaubungsaktion (Baughmann und Meselson 1973)

Art		Fanggebiet	ppt TCDD (Durchschnittswerte nicht angeführte Mengen)
Karpfen	(Cyprinidae, Puntins spec.)	Dong-Nai-Fluß	340
Echter Wels	(Siluridae)	Dong-Nai-Fluß	810
Blauwels	(Tachysuridae)	Dong-Nai-Fluß	320
Umberfisch	(Sciaenidae)	Dorf Can Gio (Küste)	79
Wels	(Schilbeidae, Pangasisus spec.)	Sai-Gon-Fluß	70
Garnele	(Palaemonidae, Machrobrachium spec.)	Sai-Gon-Fluß	42
Steingarnele	(Pneidae)	Dorf Can Gio (Küste)	18
Stromateiden	(Stromateidae)	Cape God, Mass. (Vergleichsprobe)	3

Nur sehr wenige Angaben liegen über eine mögliche biologische Kettenverstärkung vor. Von Woolson u. Mitarb. (1973) angestellte Analysen von 19 verschiedenen Greifvögeln, die an der Spitze von Nahrungsketten stehen, verliefen negativ.

6. *Andere polychlorierte Dibenzo-p-dioxine*

Neben dem TCDD sind auch andere mehrfach chlorierte Dibenzodioxine im Ergebnis verschiedener Produktionsprozesse zu erwarten. Vor allem bei der Herstellung von Pentachlorphenol, das u. a. im Holzschutz, in der Papier- und Zellstoffindustrie, der Gerberei, der Verarbeitung von Gummi und Kautschuk, der Herstellung verschiedener Plaste und Elaste sowie von Stärke und Leim u. v. a. m. jährlich in Mengen von etwa 20 000 t allein in den USA verbraucht wird, entstehen als Begleitsubstanzen höher chlorierte Dibenzodioxine. So bildet sich beim Erhitzen von Pentachlorphenol auf Temperaturen von über 300° C neben einem polymeren Destillationsrückstand das toxikologisch gleichfalls hochinteressante Hexachlorbenzol („Perchlorbenzol“) und Oktachlordibenzo-p-dioxin (Sandermann 1974, Abb. 2).

Handelsübliches 2,4,6-Trichlorphenol ist nach NILSSON u. Mitarb. (1974) häufig mit Pentachlor-2-phenoxyphenol verunreinigt, das bei der Photolyse das 1,2,3,8-Tetrachlordibenzo-p-dioxin, zwei Trichlordioxine und ein Dichlordioxin liefert. Von allen diesen Stoffen sind jedoch nur bei dem Hexachlordibenzo-p-dioxin dem TCDD etwa vergleichbare toxische Erscheinungen registriert worden. Nach SCHWETZ u. Mitarb. (1973) verursacht der Stoff bei trächtigen Ratten und deren Embryos in täglichen Gaben von 0,01 mg/kg Gewichtsdepressionen und bei Dosen von 0,1 mg/kg Abnormitäten der Nachkommen. Die gleiche Dosis führte zu Ödemen bei Hühnerküken.

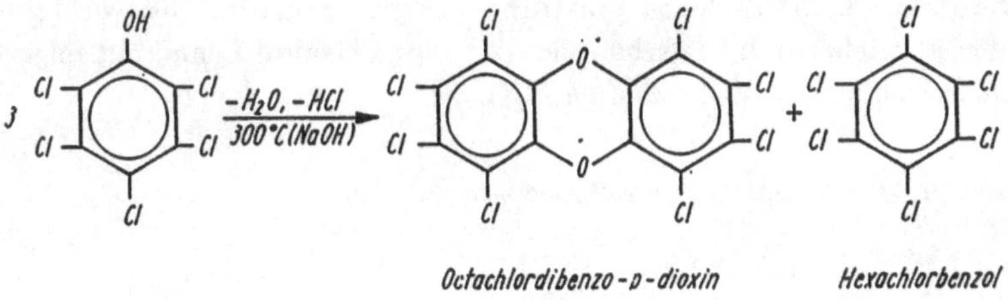

Abb. 2 Strukturschema der Bildung von Octachlordibenzo-p-dioxin und Hexachlorbenzol (Perchlorbenzol) durch Pyrolyse von Pentachlorphenol

1,2,3,7,8,9-Hexachlordibenzo-p-dioxin war die Ursache für Massenvergiftungen, denen 1957 und 1960 in den USA mehrere Millionen von industriell herangezogenen Hühnern (zur Produktion von Broilern) zum Opfer fielen. Da dies zunächst nicht bekannt war, bezeichnete man die Erscheinung, die sich vor dem Verenden der Tiere in Hautläsionen und Ekzemen äußerte, als „chicken endema factor". Die Verbindung gelangte über Futterzusätze, die Rückstände der Fettsäuredestillation enthielten, an die Tiere. Die Fettsäuren erhielt man aus Fetten tierischer Häute, die zur Konservierung mit Pentachlorphenol behandelt worden waren. Bei der späteren Hitzebehandlung kam es zu einer Pyrolyse des Pentachlorphenols und gleichzeitig zur Anreicherung des Hexachlordibenzodioxins in dem als „soapstock" bezeichneten Produkt, das als Futterzusatz verwertet wurde.

Das 2,7-Dichlor-, das 1,3,6,8-Tetrachlor- und das Oktachlordibenzo-p-dioxin sind im Vergleich zu dem TCDD von nur sehr untergeordneter Toxizität und zeigen keine teratogenen Aktivitäten selbst bei außerordentlich hohen Dosen. Die LD_{50}-Werte sind etwa 10 000- bis 100 000mal höher als die von TCDD.

Es kann zusammenfassend festgestellt werden, daß die toxischen Eigenschaften der Polychlordibenzo-p-dioxine ähnlich strukturspezifisch sind, wie dies bei vielen anderen chemischen Körperklassen der Fall ist. Nach dem gegenwärtigen Stand unseres Wissens sollte man also nicht von der „Gruppe der toxischen Polychlordibenzo-p-dioxine" sprechen, sondern stets von dem 2,3,7,8-Tetrachlordibenzo-p-dioxin TCDD und allenfalls noch von dem Hexachlordibenzo-p-dioxin, als den eigentlich toxischen Stoffen dieser Körperklasse.

7. *Verwendung von 2,4,5-Trichlorphenol*

Die wichtigsten Verwendungsgebiete für 2,4,5-Trichlorphenol sind die großtechnische Herstellung des Wuchsstoffherbizids 2,4,5-T und des Bakterizids Hexachlorophen. Daneben werden noch geringere Mengen in der Papierindustrie (zur Schleimkontrolle) verwendet, wo es jedoch nie die Bedeutung von Pentachlorphenol erreicht hat; vermutlich wegen der erheblichen Geruchsbelästigung, der Hautunverträglichkeit und der ungünstigen physikalischen Eigenschaften.

In verschiedenen Ländern kommen noch andere Insektizide und Herbizide, die 2,4,5-Trichlorphenol als Synthese-Ausgangsprodukt haben, in den Einsatz, die aber durchweg für die DDR keine praktische Bedeutung haben. Der wichtigste Wirkstoff dieser Palette ist das Fenchlorphos der Dow Chemical Comp. mit folgender Zusammensetzung bzw. Eigenschaften (Abb. 3):

O,O-Dimethyl-O-(2,4,5-trichlorphenyl)-monothiophosphat

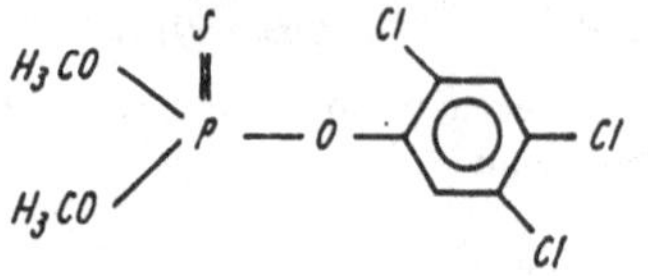

Abb. 3 Fenchlorphos

Dampfdruck: $8 \cdot 10^{-4}$ Torr (25 °C)
Wasserlöslichkeit: 44 ppm (20 °C)
LD_{50} Ratte p. o.; 1240 . . . 1750 mg/kg; Alkaliempfindlich, wenig beständig in den Umweltmedien

In weitaus geringerem Maße dürfte der Phosphonsäureester Trichloronat (Abb. 4) der Farbenfabriken Bayer zur Anwendung gekommen sein.

O-Äthyl-O-(2,4,5-trichlorphenyl)-äthyl-Monothionophosphonat

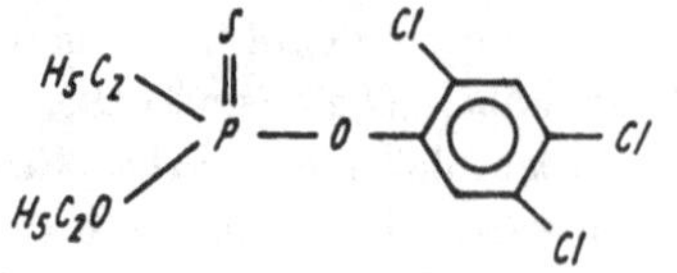

Dampfdruck:

LD_{50} Ratte p.o.: 16,0 . . . 37,5 mg/kg

Abb. 4 Trichloronat

Als Spezialherbizid mit gleichfalls nur sehr begrenzten Produktionszahlen ist das 2,4,5-T-analoge Fenoprop der Dow Chemical Company anzusehen (Abb. 5):

2-(2,4,5-Trichlorphenoxy)-propionsäure

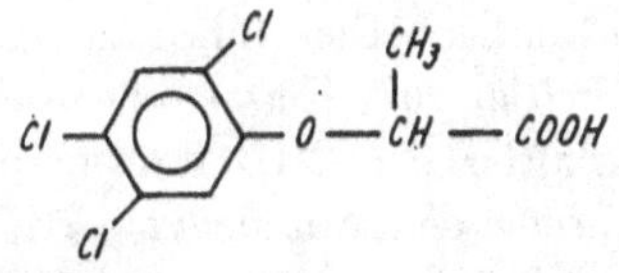

Dampfdruck:
Wasserlöslichkeit: 176 ppm (25 °C)
LD_{50} Ratte p.o.: 650 mg/kg

Abb. 5 Fenoprop; 2,4,5-TP

Demgegenüber haben herbizide Präparate auf der Basis der 2,4,5-Trichlorphenoxyessigsäure, (Abb. 1) ihrer Alkali-, Ammonium- und Aminosalze sowie verschiedener Ester, deren Wirkung seit Beginn der vierziger Jahre bekannt ist, noch immer weltweite Bedeutung. Die ist insofern sehr bemerkenswert, als die teratogenen Eigenschaften des TCDD erstmals am 2,4,5-T entdeckt und zunächst diesem Wirkstoff zugesprochen wurden, ehe feststand, daß die Wirkungen durch eine Verunreinigung des Herbizids, eben das TCDD verursacht werden. In einer Vielzahl von Versuchen konnte dann der Nachweis erbracht werden, daß reines 2,4,5-T nicht über teratogene Eigenschaften verfügt; so z. B. Dougherty u. Mitarb. (1975) an Rhesusaffen (Macaca mulatta), Somers u. Mitarb. (1974) bei Fasanen, Hilbig u. Mitarb. (1976) bei Fasanen, Wachteln und Hühnern und Strange u. Mitarb. (1976) bei Hühnern. Auch ein von Majumdar und Golla (1974) durchdeführter Mutagentest mit Drosophila melanogaster zeigte signifikante Erhöhungen der Mutagenitätsrate erst bei extrem hohen Werten von 1000 ppm.

Ein Vorfall nahe Vistrask in Nordschweden, wo im März/April 1970 aus einer Herde von 400 Rentieren während etwa 6 Wochen mindestens 50 Tiere verendeten und 43 Kühe abortierten, wurde in Kausalzusammenhang mit einer Waldbehandlung im August 1969 mit einem 2,4-D- und 2,4,5-T-Mischpräparat (2 kg/ha) gebracht. Bedingt durch hohe Schneefälle waren die Tiere auf die behandelte Laubvegetation als nahezu alleiniges Futter für mindestens zwei Wochen vor Beginn der Todesfälle angewiesen. Diese enthielt die ungewöhnlich hohen Rückstände von 35 ppm 2,4-D + 2,4,5-T (Maximum 135 ppm). Allerdings lagen die Konzentrationen in den Organen und Geweben der verendeten Tiere und der Föten bei Werten von 0,1 bis 0,5 ppm, Zahlen, die weitaus niedriger sind als die von entsprechenden Tierexperimenten mit letalem Ausgang. In dem Bericht des Nationalen Veterinär-Institutes Stockholm, das für die Untersuchung verantwortlich war, wird auch hervorgehoben, daß einmal keine Mißbildungen bei den Föten zu beobachten waren und zum anderen das Ergebnis aller Analysen keine Anhaltspunkte für einen Kausalzusammenhang zwischen der Herbizidbehandlung und den Schadensfällen ergab (ERNE 1974). Trotzdem kam mit diesem Vorfall vielleicht erstmals die Dioxin-2,4,5-T-Problematik an die breite Öffentlichkeit. Hierbei wurden auch möglicherweise zum ersten Male die Leser der bürgerlichen Tagespresse mit dem Einsatz solcher Präparate im Indochinakrieg konfrontiert. Dies führte zu einer „Gemeinsamen Erklärung unabhängiger Wissenschaftler zum Einsatz chemischer Unkrautbekämpfungsmittel", in der 30 Wissenschaftler der BRD, Westberlins, Österreichs und der Schweiz schwere Bedenken gegen den Einsatz von 2,4,5-T und anderer Herbizide vor allem in der Forstwirtschaft äußern (AN DER LAN 1974), zu einer „Stellungnahme der Biologischen Bundesanstalt für Land- und Forstwirtschaft" der BRD, in der Anwendungsbeschränkungen für 2,4,5-T-haltigen Präparate in Forsten genannt und als höchstzulässige Konzentration für TCDD in diesen Fertigprodukten 0,1 ppm angeführt werden (o. V. 1974 b), zu einer „Abschließenden Stellungnahme", in der die „30 unabhängigen Wissenschaftler" erklären, daß sie nicht „für ein generelles Verbot" sind, sondern für einen „freiwilligen Verzicht auf die routinemäßige Anwendung in der Forstwirtschaft" (WELLENSTEIN 1974), und zu einer Vielzahl von Berichten und Kommentaren in der Tages- und Fachpresse. Daneben wurden aber auch exakte Untersuchungen über die Rückstandshöhe von 2,4,5-T an Wildfrüchten im Walde (Brombeeren und Himbeeren), an Blättern und Gras durchgeführt. Diese bewiesen nachdrücklich die vergleichsweise hohe Persistenz des Wirkstoffes und zeigten, daß die Rückstände an den Waldfrüchten die Toleranz von 0,05 ppm weit überschritten (OLBERG u. Mitarb. 1974). Hieraus wurde für die BRD die Schlußfolgerung gezogen, daß der Einsatz 2,4,5-T-enthaltender Präparate in der Forstwirtschaft auf die Zeit vor der Blüte oder nach der Ernte von Waldbeeren zu beschränken sei, oder, wenn dies nicht garantiert werden kann, Vorkehrungen zu treffen sind, die einen Verzehr der Früchte ausschließen (OLBERG 1974).

Diese Untersuchungen, Vorfälle und Diskussionen führten indessen nicht zu einem Verbot von 2,4,5-T, ähnlich wie dies bei dem DDT erfolgte (o. V. 1974 b). Es wurden in zahlreichen Staaten Einsatzbeschränkungen erlassen und auch Limits für den TCDD-Gehalt (zumeist 0,1 ppm). In den USA z. B. liegt der Jahresverbrauch an 2,4,5-T-Wirkstoff konstant etwa bei 2500 t (o. V. 1974 c).

In der DDR besteht eine klare gesetzliche Regelung über die Zulassung 2,4,5-T-enthaltender Präparate (o. V. 1976).

In der DDR sind gegenwärtig zwei Präparate auf 2,4,5-T-Basis amtlich zugelassen, das Selest und Selest 100, deren Zusammensetzung und Einsatzbereiche den folgenden Übersichten zu entnehmen sind (o. V. 1976):

Selest: 19,7% 2,4-D + 18% 2,4,4-T, beide als technische n-Butylester

Formulierung: Ölige Flüssigkeit (wird mit der unten angeführten Wassermenge ausgebracht)

Einsatzbereiche: a) gegen dikotyle Unkräuter in Graslandneuansaaten ohne Leguminosen (ab 3-Blatt-Stadium der Gräser), 4 l Präparat in 200 bis 600 l Wasser/ha und in etablierten Graslandbeständen während der Vegetationszeit, 6 l Präparat in 200 bis 600 l Wasser/ha sowie b) gegen Gehölze auf forstlichen Nutzflächen, zweimalige Anwendung je 0,6 ml verdünnt mit Wasser auf 0,06 bis 0,1 l/m^2 und c) zur chemischen Böschungspflege (gleichfalls Bekämpfung unerwünschter Gehölze), 1 ml/m^2

Selest 100: 48,6% 2,4-D + 45,3% 2,4,5-T, beide als technische n-Butylester

Formulierung: Ölige Flüssigkeit

Anwendung: gegen Sträucher und Laubgehölze auf forstlichen Nutzflächen (Stammgrund- und Schnittflächenbehandlung), 4% in Dieselöl gelöst

Entsprechend den in der DDR geltenden Gesetzen bedeutet dies, daß die genannten Präparate und damit auch der Wirkstoff 2,4,5-T in anderen Einsatzgebieten nicht angewendet werden darf und somit den Kreis der möglichen Lebensmittelkontaminationen wiederum auf freiwachsende Waldfrüchte sowie über Gras als Futterpflanze auf tierische Produkte, also Fleisch oder Milch beschränkt ist. Die erste Gruppe wird durch den Standard „Herbizideinsatz in der Forstwirtschaft" erfaßt, der gegebenenfalls noch zu präzisieren wäre. Eine Kontamination der Milch sowie tierischer Organe und Gewebe mit 2,4,5-T und seinem Metabolit 2,4,5-Trichlorphenol — die als Träger des TCDD in Frage kämen — über Futtermittel ist unter den in der DDR herrschenden Voraussetzungen auszuschließen. In Fütterungsversuchen von Bjerke u. Mitarb. (1972) sowie von Leng (1972) konnten bei laktierenden Kühen, an die eine 10; 30; 100; 300 bzw. 1000 ppm 2,4,5-T-enthaltende Diät verabfolgt wurde, die in der folgenden Tabelle beschriebenen Mengen an 2,4,5-T bzw. 2,4,5-Trichlorphenol ermittelt werden.

Tabelle 8
Rückstände von 2,4,5-T und 2,4,5-Trichlorphenol in der Milch von Kühen, denen 3 Wochen lang eine 2,4,5-T enthaltende Diät verabfolgt wurde, 1 Woche nach dem Absetzen der Wirkstoffzufuhr nach Leng (1972)

2,4,5-T-Zufuhr	Rückstände in der Milch (ppm) 2,4,5-T Minimum	Maximum	Durchschnitt	2,4,5-Trichlorphenol Minimum	Maximum	Durchschnitt
10	0,05	0,05	0,05	0,05	0,05	0,05
30	0,05	0,05	0,05	0,05	0,05	0,05
100	0,05	0,05	0,05	0,05	0,06	0,05
300	0,05	0,20	0,01	0,08	0,12	0,10
1000	0,31	0,54	0,40	0,16	0,26	0,23

Kälber, denen 3 Wochen lang 300 ppm 2,4,5-T verabfolgt wurde, enthielten unmittelbar nach dem Absetzen der Wirkstoffzufuhr 0,12 bis 0,28 ppm im Muskelgewebe, dem Fett und der Leber sowie 3,3 ppm 2,4,5-T in den Nieren.

Phenolische Metabolite wurden in diesen Geweben und Organen nicht nachgewiesen. Ähnliche Werte wurden auch von Clark u. Mitarb. (1975) bei Rindern und Schafen gefunden.

Diese Modellversuche, die aus einer Vielzahl ähnlicher aus dem Schrifttum ausgewählt wurden, zeigen, daß eine Kontamination von Lebensmitteln tierischer Herkunft unter Praxisbedingungen der DDR nicht befürchtet werden muß; die Werte von 300 bzw. 1000 ppm übersteigen entsprechende Rückstände in Futtergras bei Einhaltung der oben genannten Anwendungskonzentrationen und der Karenzzeit von 21 Tagen (o. V. 1976) gewiß um eine Zehnerpotenz und mehr.

Ungeachtet dessen ist die allergrößte Sorgfalt — auch aus Gründen des Arbeits- und Gesundheitsschutzes bei der Herstellung des Endproduktes, seiner Lagerung, dem Transport und der Ausbringung — auf die strikte Einhaltung der höchstzulässigen Konzentrationen von 0,1 ppm TCDD in dem 2,4,5-T-Wirkstoff zu verwenden. Umgerechnet auf die Fertigprodukte würde das für das Selest mit 18% 2,4,5-T-Butylester eine Endkonzentration von etwa 0,015 und für das Selest 100 mit 45,3% des gleichen Wirkstoffes etwa 0,048 ppm ergeben, Werte, die unter allen genannten Prämissen vertretbar erscheinen. Die Kontrolle der Einhaltung dieser Werte wird in herauszustellender Weise in der VR Ungarn bei der Entwicklung des Herbizides 2,4,5-Trichlorphenoxyäthanol TCPE (die entsprechenden Versuche machten mit 3, 100 000 Forint etwa 25% der Kosten der 2. Entwicklungsstufe aus), seiner Produktion und der Erforschung des Metabolismus in Boden, pflanzlichen und tierischen Organen und Geweben durchgeführt (Banki 1976).

In den USA, wo inzwischen die höchstzulässige TCDD-Konzentration für 2,4,5-T-Präparate auf 0,5 ppm festgesetzt wurde, kontrollierten Woolson u. Mitarb. (1972) 129 Proben von 17 verschiedenen bioziden Präparaten — unter ihnen die Herbizide 2,4-D; 2,4,5-T; 2,4-DB; Dicamba (3,6-Dichlor-2-methoxybenzoesäure) u. a.; unter den Insektiziden war auch das eingangs erwähnte Fenchlorphos, ferner die Holzschutzmittel bzw. Zwischenprodukte Pentachlorphenol, Tetrachlorphenol, 2,4,5-Trichlorphenol — auf ihren Gehalt an TCDD und anderen polychlorierten Dibenzo-p-dioxinen. Die Ergebnisse zeigten, daß von 42 untersuchten Proben an 2,4,5-T-Wirkstoff 7 im Bereich von 0,5 bis 10 ppm und 13 in der Spanne von 10 bis 100 ppm mit TCDD verunreinigt waren, 3 Proben zwischen 0,5 und 10 ppm Hexachlordibenzo-p-dioxin und eine Probe 10 bis 100 ppm der gleichen Verbindung enthielt. Von 6 2,4,5-Trichlorphenol-Proben waren 4 mit Hexa-, 1 mit Hepta- und 2 mit Octachlordibenzo-p-dioxin verunreinigt; alle 3 untersuchten Tetrachlorphenol-Proben enthielten Dioxine, und von 11 analysierten Pentachlorphenol-Chargen waren 10 zum Teil sehr hoch zwischen 10 und 1000 ppm mit Hexa-, Hepta- und Octachlordibenzo-p-dioxin kontaminiert. Von den anderen hier erwähnten Wirkstoffen enthielt noch das Fenchlorphos TCDD. Von den Autoren wird allerdings darauf hingewiesen, daß vor allem die hoch verunreinigten Chargen aus den Jahren 1966 bis 1970 stammen, also einer Zeit, in der die bestehenden Restriktionen noch nicht erlassen worden waren. Unter den gegebenen Umständen erscheint eine Kontrolle von importiertem 2,4,5-T und gegebenenfalls auch 2,4,5-Trichlorphenol auf Einhaltung der Höchstmenge von 0,1 ppm als vordringliche Maßnahme. Die Notwendigkeit, ein Anwendungsverbot für 2,4,5-T in Erwägung zu ziehen, besteht nach unserem Erachten nicht.

Die zweite Verbindung, zu deren Produktion in größerem Maße 2,4,5-Trichlorphenol benötigt wird, ist das *Hexachlorophen* (Abb. 6).

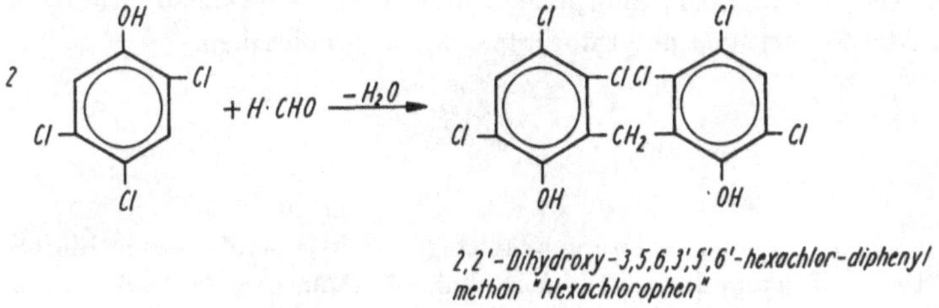

Abb. 6 Strukturschema der Bildung von Hexachlorophen

Die generell gegen gram-positive Bakterien wirksame Verbindung, die in der pharmazeutischen und kosmetischen Industrie ihre Hauptabnehmer findet, wird hauptsächlich angewendet zur Behandlung von Akne und Impetigo, zur Reinigung von Wundrändern und als bakterizider bzw. bakteriostatischer Zusatz zu speziellen medizinischen Waschmitteln, z. B. für die Reinigung vor chirurgischen Eingriffen oder von neugeborenen Kindern. Die globale mengenmäßige Bedeutung dieses Wirkstoffes ist offenbar groß; die Rolle im Inland kann hier nicht eingeschätzt werden. Zur Toxikologie von Hexachlorophen liegen gleichfalls eine Reihe von Publikationen über Tierexperimente vor, bei denen den Versuchstieren die Substanz durchweg oral verabreicht wurde, um dann die Symptome zu beobachten und zu registrieren. So wichtig diese Arbeiten sein mögen, um überhaupt zu einer Vorstellung über die toxischen Eigenschaften des Hexachlorophen zu gelangen, geben sie doch kaum einen Aufschluß über potentielle Gefahren bei cutaner Anwendung, die bei dieser Verbindung ausschließlich in Betracht kommt. Zusammenhänge mit polychlorierten Dibenzo-p-dioxinen wurden bei derartigen Versuchsanstellungen auch direkt nie erwähnt. Sie klingen lediglich bei der Arbeit von Kennedy u. Mitarb. (1975) an, der den Einfluß der Verbindung auf die Reproduktion bei Ratten studierte und zu dem Ergebnis kam, daß orale Applikationen von 12,5; 25 bzw. 50 mg Hexachlorophen je kg bis zur F 3-Generation keine Einwirkungen auf die Fertilität, Dauer der Trächtigkeit, Geburtenrate, Überleben der Neugeborenen und ihr Gewicht zur Folge hatten. Desgleichen konnten auch keinerlei Anhaltspunkte für Geburtenmißbildungen entdeckt werden. Bei Versuchen, in deren Verlaufe die Dosierung bis zu 80 mg/kg heraufgesetzt wurde (Kennedy u. Gordon 1976), konnten gleichfalls an Albinoratten ab der 40 mg/kg-Dosis nach 2 Wochen Gewichtsabnahmen registriert werden. Alle Tiere, die täglich 80 mg Hexachlorophen je kg erhielten, verendeten nach 2 bis

5 Gaben, womit die akute orale LD_{50} von 80 mg/kg etwa bestätigt werden konnte. Histopathologische Veränderungen wurden an Gehirn und Rückenmark beobachtet.

Wenngleich auch für das Hexachlorophen unter dem Eindruck der Seveso-Katastrophe international Ersatzprodukte empfohlen werden (Hay 1976), sehen wir auch hier die wirkliche Lösung des Problems bei der Herstellung reiner Ausgangsprodukte, also des 2,4,5-Trichlorphenol, und einer wirksamen Kontrolle hinsichtlich der Abwesenheit von polychlorierten Dibenzo-p-dioxinen.

Literatur

an der Lan, H. u. a.: Gemeinsame Erklärung unabhängiger Wissenschaftler zum Einsatz chemischer Unkrautbekämpfungsmittel. Allg. Forst-Z. (München) 29. 1974, H. 3, S. 30.

Bánki, L.: The development of a pesticide a complex scientific task. Medikcina-Verlag Budapest 1976.

Baughman, R; Meselson, M.: An analytical method for detecting TCDD (Dioxin): Levels of TCDD in sample from Vietnam. Environm. Health Perspectives, Exper. Issue Nr. 5. 1973, S. 27—35.

Beatty, P. W.; Holscher, M. A.; Neal, R. A.: Toxicity of 2,3,7,8-tetrachlorodibenzo-p-dioxin in larval and adult forms of Rana catesbeiana. Bull. Environm. Contam. Toxicol. 16. 1976, 578—581.

Bjerke, E. L.; Herman, J. L.; Miller, P. W.; Wetters, J. H.: Residue study of Phenoxy-herbicides in milk and cream. J. Agric. Food Chem. 20. 1972, 963—967.

Clark, D. E.; Palmer, J. S.; Radeleff, R. D.: Residues of chlorophenoxy-acid herbicides and their phenolic metabolites in tissues of sheep and cattle. J. Agric. Food Chem. 23. 1975, 573—578.

Dougherty, W. J.; Herbst, M.; Coulston, F.: The non-teratogenicity of 2,4,5-trichlorophenoxyacetic acid in the rhesus monkey (Macaca mulatta). Bull. Environm. Contam. Toxicol. 13. 1975, 477—482.

Erne, K.: Stellungnahme zum Rentiersterben in Schwedisch-Lappland. Allg. Forst-Z. (München) 29. 1974, H. 3, S. 31.

Hay, A.: Seveso: the aftermatch. Nature 263. 1976, 538—540.

Hilbig, V.; Lucas, K.; Sebek, V.: Untersuchungen zur Ermittlung toxischer Wirkungen von Derivaten der 2,4-Dichlor- und 2,4,5-Trichlorphenoxyessigsäure (2,4-D und 2,4,5-T) auf Bruteier von Fasanen, Wachteln und Hühnern. Anz. Schädlingsk., Pflanzen- und Umweltschutz 40. 1976, 21—25.

Isensee, A. R.; Jones, G. E.: Adsorption and translocation of root and foliar applied 2,4-Dichlorophenol, 2,7-Dichlorodibenzo-p-dioxin and 2,3,7,8-Tetrachlorodibenzo-p-dioxin. J. Agric. Food Chem. 19. 1971, 1210—1214.

Kearney, P. C.; Woolson, E. A.; Isensee, A. R.; Helling, C. S.: Tetrachlorodibenzodioxin in the environment: sources, fate and decontamination. Environm. Health Perspectives. Exper. Issue Nr. 5. 1973, 273—278.

Kennedy jr., G. L.; Smith, S. H.; Keplinger, M. L.; Calandra, J. C.: Effect of Hexachlorophene on reproduction in rats. J. Agric. Food Chem. 23. 1975, 866—868.

KENNEDY jr., G.; GORDON, D.: Histopathologic changes produced by Hexachlorophene in the rat as a function of both magnitude and number of dose. Bull. Environm. Contam. Toxicol. 16. 1976, 464—468.

LENG, M.: Residues in milk and meat and safety to livestock from the use of phenoxy-herbicides in pasture and rangeland. Down to Earth 28. 1972, 12—20.

MAJUMDAR, S. K.; GOLIA, J. K.: Mutation test of 2,4,5-Trichlorophenoxyacetic acid on Drosophila melanogaster. Can. J. Genet. Cytol. 16. 1974, 465—466.

MATSUMURA, F.; BENEZETT, A. J.: Studies on the bioaccumulation and microbial degradation of 2,3,7,8-Tetrachlorodibenzo-p-dioxin. Environm. Health Perspectives. Exper. Issue Nr. 5. 1973, 253—258.

MILLER, R. A.; NORRIS, L. A.; HAWKES, C. L.: Toxicity of 2,3,7,8-Tetrachlorodibenzo-p-dioxin (TCDD) in aquatic organisms. Envirdnm. Health Perspectives, Exper. Issue Nr. 5. 1973, 177—186.

NILSSON, C. A.; ANDERSSON, K.; RAPPE, C.; WESTERMARK, S. O.: Chromatographic evidence for the formation of chlorodioxins from chloro-2-phenoxyphenols. J. Chromatogr. 96. 1974, 137—147.

OLBERG, R.: Geänderte Anwendungstermine für 2,4,5-T-haltige Herbizide im Walde. Allg. Forst-Z. (München) 29. 1974, H. 13, S. 267.

OLBERG, R.: Untersuchungen über 2,4,5-T-Rückstände auf Waldhimbeeren. Nachr.-Bl. dt. Pflanzenschutzdienst (Stuttgart) 26. 1974, 66-69.

PLIMMER, J. R.: Photochemistry of dibenzo-p-dioxins. Advances in Chemistry Ser. 120. 1973, 44—48.

RAWLS, R. L.; O'SULLIVAN, D. A.: Italy seeks answers following toxic release. Chem. News 54. 1976, 27—28 u. 33, 35.

SANDERMANN, W.: Polychlorierte aromatische Verbindungen als Umweltgifte. Naturwissenschaften 61. 1974, 207—213.

SCHWETZ, B. A.; NORRIS, J. M.; SPARSCHU, G. L.; ROVE, V. K.; GEHRING, P. J.; EMERSON, J. L.; GERBIG, G. C.: Toxicology of chlorinated dibenzo-p-dioxins. Environm. Health Perspectives, Exper. Issue Nr. 5. 1973, 87—100.

SOMERS, J.; MORAN, E. T.; REINHART, B. S.: Effect of external application of pesticides to the fertile egg on the hatching success and early chick performance. 2. Commercial-herbicide mixtures of 2,4-D with Picloram or 2,4,5-T using the pheasant. Bull. Environm. Contam. Toxicol. 11. 1974, 339—342.

STRANGE, J. R.; ALLRED, P. M.; KERR, W. E.: Teratogenic and toxicological effects of 2,4,5-Trichlorophenoxyacetic acid in developing chick embryos. Bull. Environm. Contam. Toxicol. 15. 1976, 286—288.

WELLENSTEIN, G.: Abschließende Stellungnahme zum Einsatz von Pestiziden, besonders von Herbiziden in der Forstwirtschaft. Allg. Forst- und Jagd-Z. (Frankfurt/Main) 145. 1974, 78—79.

WESTING, A. H.: Herbicide in war: current status and future doubt. Biol. Conservation 4. 1972, 322—327.

WESTING, A. H.: Ecological considerations regarding environmental Dioxin contamination. SIPRI-Yearbook (Stockholm) 1977, 5—19.

WOOLSON, E. A.; THOMAS, R. F.; ENSOR, P. D. J.: Survey of Polychlorodibenzo-p-dioxin content in selected pesticides. J. Agric. Food Chem. 20. 1972, 351—354.

WOOLSON, E. A.; REICHEL, W. L.; YOUNG, A. L.; ENSOR, P. D. J.: Dioxin residues in Lakeland dans and bald eagle samples. Advances in Chemistry Ser. 120. 1973, 112—118.

o. V. 1971: Ökologische Wirkungen des Vietnam-Krieges. Ein Bericht. Naturw. Rundsch. 24. 1971, 73—76.

o. V. 1974 a: The effects of herbicides in South Vietnam. Part A. Summary and conclusions. National Academy of Sciences, Washington D. C. 1974.

o. V. 1974 b: Stellungnahme der Biologischen Bundesanstalt für Land- und Forstwirtschaft, Abteilung für Pflanzenschutzmittel und -geräte zu dem Artikel „Entlaubungsgift auch im deutschen Wald" in der Frankfurter Rundschau vom 3. 6. 1973. Allg. Forst-Z. (München) 29. 1974, H. 3, 30—31.

o. V. 1974 c: Kein Verbot von 2,4,5-T. Chem. Ind. 26. 1974, 481.

o. V. 1974 d: Anordnung Nr. 2 über Rückstände von Pflanzenschutz- und Schädlingsbekämpfungsmitteln in Lebensmitteln vom 18. 12. 1973. Gesetzblatt der DDR I 1974, S. 27.

o. V. 1976: Pflanzenschutzmittelverzeichnis. Herausgeber: Akademie der Landwirtschaftswissenschaften der DDR, Institut für Pflanzenschutzforschung Kleinmachnow. VEB Deutscher Landwirtschaftsverlag Berlin 1976.

o. V. 1977: TCDD — Seveso. Naturwissenschaften 64. 1977, 87.

Hans-Günter Riedel

Diskussionsbeitrag

Aus den vorgetragenen Materalien war zu entnehmen, daß die Ursachen der an verschiedenen Standorten eingetretenen Unglücksfälle in den Problemkreisen

Reaktionskinetik
stofflichen Nebenreaktionen
Entstehung spezifischer hochtoxischer Stoffe

und damit teils als Folgeerscheinung auch technischer Havarien zu verstehen sind.

Den Vorschlägen und Forderungen, die Herr Lohs abschließend formulierte, ist vollinhaltlich zuzustimmen, um insbesondere vertiefte Kenntnisse über die Toxicität auftretender Nebenprodukte und ihre Entstehungsbedingungen zu erkunden.

Aus verfahrenstechnischer Sicht möchte ich mir gestatten einige ergänzende Bemerkungen und Vorschläge hinzuzufügen. Grundsätzlich wird man sich immer die Frage vorzulegen haben, waren solche Katastrophen vermeidbar? Eine solche Fragestellung lenkt die Aufmerksamkeit auf mannigfaltige Möglichkeiten, die aus technischer und verfahrenstechnischer Sicht zur Abwehr derartiger Ereignisse sich anbieten. Überall dort wo unter gewissen Grenzbedingungen zu extremen Betriebszuständen gearbeitet werden muß und gefährliche Havarien sowie toxische Emissionen nicht völlig auszuschließen sind, bedarf es auch besonders sorgfältiger Schutzmaßnahmen. An solche haben wir uns beispielsweise in vielen konventionellen Bereichen der Stoffwirtschaft mit Explosionsgefahr als Selbstverständlichkeit gewöhnt und damit größtmögliche Sicherheit erreicht. Das Wissen um besonders verheerende Wirkungen z. B. in neuester Zeit bei der Kerntechnik hat ohne jedes Zaudern dazu geführt auch bei der friedlichen Anwendung dieser Technik keinerlei Aufwand für Sicherheit und sei er noch so teuer zu scheuen.

In der Hoch- und Höchstdruckhydrierung haben wir, obwohl auch bereits die Apparate und die Maschinen mit höchster Sicherheit konstruiert waren, gefährdete Apparaturen in Betonkammern untergebracht. Sicherheitsventile läßt man in Anlagen, die mit toxischen oder anderweitig gefährlichen Stoffen arbeiten, nicht in die freie Atmosphäre entspannen, sondern führt die Entspannungsprodukte in großräumige Sammelgefäße ab. Solche Einrichtungen wurden auch als sogenannte

Slop-Anlagen zu ganzen Systemen mit Unschädlichmachung oder Aufarbeitungs-Anlagen erweitert. Der Betriebsüberwachung beim An- und Abfahren von technischen Anlagen oder beim Auftreten ungewöhnlicher Betriebszustände z. B. auch bei der Energieversorgung widmet man in neuester Zeit ganz besondere Aufmerksamkeit. Beim Entwurf und der Gestaltung neuer Anlagen bedarf es durch die von Herrn Lohs bereits geforderte Gemeinschaftsarbeit der Nutzanwendung aller vorliegenden wissenschaftlichen Erkenntnisse und Schadensauswertungen. Sicherlich müssen die Anforderungen der sogenannten Schutzgüte im Sinne des heute behandelten Fragenkomplexes erweitert werden. Aber auch Altanlagen müssen zweifelsohne im Sinne der Anpassung an neueste Erkenntnisse überprüft und ergänzt werden. An dieser Stelle dürfen zusätzliche Aufwendungen und die damit verbundenen Kosten nicht gescheut werden. Höchste Sicherheit ist ein echtes Anliegen des Umweltschutzes, bedeutet aber zugleich durch hohe Zuverlässigkeit auch einen ökonomischen Gewinn letzthin.

FSC
www.fsc.org
MIX
Papier | Fördert gute Waldnutzung
FSC® C083411

Kolibri 360 GmbH
Ferdinand-Jühlke-Straße 7
99095 Erfurt, Deutschland
produktsicherheit@kolibri360.de